国家自然科学基金青年基金项目(51604164)资助

查干淖尔一号井软岩巷道失稳机理及控制技术

李青海　著

中国矿业大学出版社

图书在版编目(CIP)数据

查干淖尔一号井软岩巷道失稳机理及控制技术 / 李青海著. —徐州 ：中国矿业大学出版社，2017.9

ISBN 978-7-5646-3676-0

Ⅰ.①查… Ⅱ.①李… Ⅲ.①软岩巷道—巷道支护—研究 Ⅳ.①TD353

中国版本图书馆 CIP 数据核字(2017)第 209200 号

书　　名　查干淖尔一号井软岩巷道失稳机理及控制技术
著　　者　李青海
责任编辑　马晓彦
出版发行　中国矿业大学出版社有限责任公司
（江苏省徐州市解放南路　邮编 221008）
营销热线　(0516)83885307　83884995
出版服务　(0516)83885767　83884920
网　　址　http://www.cumtp.com　**E-mail**:cumtpvip@cumtp.com
印　　刷　江苏凤凰数码印务有限公司
开　　本　787×1092　1/16　**印张** 9.75　**字数** 186 千字
版次印次　2017 年 9 月第 1 版　2017 年 9 月第 1 次印刷
定　　价　36.00 元
（图书出现印装质量问题，本社负责调换）

前　言

随着煤炭开采程度加剧，我国东部煤炭资源日渐枯竭，中部受资源与环境约束的矛盾日益加剧，资源开发加速向西部转移。自2013年以来，煤炭产能过剩问题逐渐凸显，基于国家淘汰落后产能、促进产业转型升级的深化改革政策，以及绿色环保的发展理念，最近几年内中东部地区较小产能煤矿逐渐退出历史舞台。相应的，西部地区资源丰富，煤层赋存条件普遍较好，其不可避免地成为我国煤炭生产主产区。

巷道控制问题一直是困扰我国煤矿安全高效开采的关键问题之一。长期以来，巷道支护理论和技术作为采矿领域研究重点，国内外专家学者已对多种复杂条件巷道围岩变形机理及控制技术进行了系列研究，获得了多种支护方式，有效解决了大量复杂条件巷道支护难题。内蒙古自治区是西部主要产煤省份之一，其蒙东褐煤主产区遭遇膨胀泥化软岩巷道支护难题，该类巷道变形呈现持续的非线性大变形特征，现已尝试采用多种联合支护方式，均未取得预期效果。在内蒙古自治区上海庙矿区，以及陕西、甘肃、宁夏、新疆等境内亦存在严重的膨胀泥化软岩巷道支护难题，该难题已成为阻碍该地区煤矿安全高效生产的一大障碍。

膨胀泥化软岩中含有较高比例的膨胀性黏土矿物，岩层胶结程度差，属于力学强度较低的极软岩层。与东部地区常见的复杂条件巷道相比，该类地层赋存范围内基本无坚硬岩层，岩层本身难以形成承载结构；强烈的膨胀变形极易导致锚固支护效果降低；传统棚式支护由于强度较低，亦难以抵抗围岩的巨大膨胀变形能；同时由于膨胀性黏土矿物密度较大，注浆加固方式难以实施，即现有支护方式以及相关支护方式的组合根本无法取得预期效果。在该特殊地质条件下，大部

分巷道陷入前掘后修的困境，这大大增加生产投资，严重威胁矿井安全生产。

鉴于此，本书在总结前人研究工作的基础上，以内蒙古自治区锡林郭勒盟查干淖尔一号井膨胀软岩巷道为研究对象，对该类巷道失稳机理开展系列研究。查干淖尔一号井回风大巷掘进过程中遭遇极为剧烈的矿压显现，底板鼓起、两帮移近、顶板下沉几乎伴随整个掘进过程，尝试采用的U36架棚支护、U36架棚＋锚网喷支护、$16^{\#}$普通工字钢对棚＋锚网喷支护、$12^{\#}$矿用工字钢对棚＋锚网喷等支护方式几乎全部失败，发现其完全不同于中东部深井高应力软岩巷道“让抗”结合的控制机理。在该地质条件下，极高的膨胀压力不断施加于支护结构体为巷道失稳的关键，指出在巷道支护初期采取高强度、高刚度支护结构体对围岩进行“硬抗”，抑制围岩塑性区扩展，切断围岩膨胀变形条件为保持围岩稳定的关键。基于此，设计了高强度棚式支架，适应该类巷道特殊支护要求。希望本书的出版能为我国膨胀软岩巷道支护提供参考和借鉴。

本书的研究工作和出版得到国家自然科学基金项目“膨胀泥化软岩巷道围岩损伤与新型棚式支护机理研究”（项目编号:51604164）的资助。

感谢课题组王旭、马鑫民、杨立云、张涛、窦波洋、朱现磊、韩鹏飞、张绍民等在现场实测和实验室试验中给予的帮助；在查干淖尔一号井实测过程中，得到了李喜柱、刘书灿、于广龙、杨永迁、毛永江等领导和有关工程技术人员的大力支持和帮助，在此表示衷心感谢。本书对所引用资料和文献的作者表示最诚挚的感谢！

受作者水平所限，书中难免存在不足之处，恳请同行专家和读者指正。

著　者

2017年6月

目　录

1 绪　论

1.1 岩石蠕变特性研究现状

白垩系软岩地层为查干淖尔矿区的主要地层，该类软岩的蠕变机理不可忽视。国内外学者在软岩蠕变力学特性、蠕变本构模型及参数辨识等方面取得了大量成果，具体成果综述如下。

C. O. Aksoy 等[1]考虑与时间有关的蠕变行为，对隧道高膨胀蠕变软岩无变形支护结构体进行了数值模拟。H. Yoshida 等[2]采用幂率性蠕变方程，对椭圆硐室稳定性进行了评估。A. D. Drozdo 等[3]利用黏弹性理论对圆形衬砌硐室稳定性问题进行了分析。J. Sulem 等[4]给出了圆形隧道与时间相关的围岩位移解析解。A. D. Cristescu[5]对采矿竖井建井过程中软岩的蠕变收敛、瞬态失效以及蠕变失效等问题进行了分析。

缪协兴等[6]总结了描述损伤历史的岩石蠕变损伤方程，该方程可确定任意蠕变时刻的损伤状态。陈有亮等[7-9]对蠕变条件下裂纹的起裂、扩展机理进行了试验研究和理论分析。张忠亭等[10-11]根据统一蠕变模型，对分级加载下岩石蠕变特性进行了研究，通过曲线拟合获得了相应的蠕变参数。谭云亮等[12]基于八邻居 Moore 元胞，结合岩石蠕变特征，建立了岩石蠕变物理元胞自动机模型，通过编制相应软件，实现了细观非均质岩石从稳定蠕变、临界蠕变到加速蠕变过程的有效模拟，为研究岩石的蠕变行为提供了新的有效途径。袁海平等[13-14]基于 Mohr-Coulomb 准则，提出了新的塑性元件。韩冰等[15]在分级加载下对岩石的蠕变特性进行了三轴压缩试验，得出岩石从稳态蠕变进入加速蠕变存在应力阈值，当应力低于该阈值时，岩石内部的原始裂隙被压实，呈现微细观的线黏弹性变形，蠕变变形以平缓的速率增长并最终趋于稳定；当应力超过该阈值时，岩石内部产生大量细观裂纹，损伤急剧演化，诱发岩石流变发生突变。

赵延林等[16]采用分级增量循环加卸载和单级加载方式，进行了弹黏塑性流变试验，拟合获得了定常流动速率及加速蠕变速率的应力、时间函数。王芝银等[17]基于岩石流变理论，结合力学解析和蠕变试验，对不同应力状态下岩石黏弹塑性变形的本构方程进行了研究，建立了三维状态下岩石黏弹塑性蠕变本构

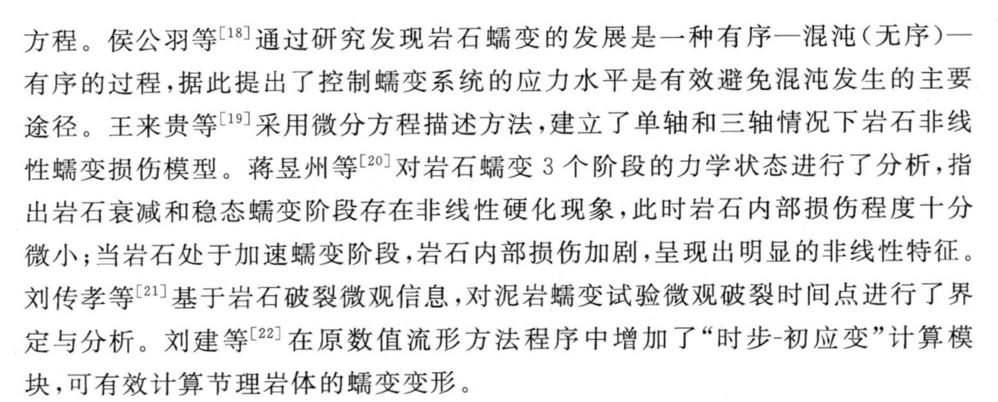

方程。侯公羽等[18]通过研究发现岩石蠕变的发展是一种有序—混沌(无序)—有序的过程,据此提出了控制蠕变系统的应力水平是有效避免混沌发生的主要途径。王来贵等[19]采用微分方程描述方法,建立了单轴和三轴情况下岩石非线性蠕变损伤模型。蒋昱州等[20]对岩石蠕变3个阶段的力学状态进行了分析,指出岩石衰减和稳态蠕变阶段存在非线性硬化现象,此时岩石内部损伤程度十分微小;当岩石处于加速蠕变阶段,岩石内部损伤加剧,呈现出明显的非线性特征。刘传孝等[21]基于岩石破裂微观信息,对泥岩蠕变试验微观破裂时间点进行了界定与分析。刘建等[22]在原数值流形方法程序中增加了“时步-初应变”计算模块,可有效计算节理岩体的蠕变变形。

王祥秋等[23-24]基于蠕变损伤机理,指出围岩蠕变是变形损伤与时间损伤耦合作用的结果,并在Burgers模型中引入蠕变损伤变量,采用位移反分析的方法对围岩的黏弹性变形进行了研究,获得了有效确定软岩巷道合理支护时间的方法。杨彩红等[25-26]指出岩石蠕变是内部空位和杂质扩散、并联微元体逐步屈服弱化、实际载荷逐渐增加的动态过程,通过蠕变试验和蠕变模型参数对比,获得了含水状态对岩石蠕变的影响规律,指出含水率和应力差是决定岩石蠕变的重要因素。范庆忠等[27-31]指出软岩蠕变的3个阶段中,产生衰减蠕变的原因是岩石力学性质发生了硬化,主要是由于黏滞系数的硬化;产生加速蠕变的原因是岩石发生了损伤软化,主要是岩石弹性模量的损伤,通过引入非线性损伤、硬化变量代替Burgers模型中的线性损伤、硬化变量,建立了软岩非线性蠕变模型。张耀平等[32]指出软岩蠕变过程中不仅存在损伤机制,也存在硬化现象,通过引入损伤变量及硬化函数,建立了软岩非线性蠕变方程,该蠕变方程可有效描述软岩蠕变的3个阶段。谌文武等[33]通过研究获得了含水率对软岩强度和蠕变特性的影响关系,含水率越高,软岩抗压强度越低,蠕变量越大,蠕变率也越大,达到稳定的时间也越长。佘成学等[34-39]通过引进岩石时效强度理论及Kachanov损伤理论,建立了以时间变量表示的岩石损伤表达式,并将其与岩石黏塑性流变参数相联系,建立了包含加载时间、加载应力等变量在内的岩石黏塑性流变参数非线性表达式,设计了3种加载方式进行了分级加载蠕变试验,分析了高孔隙水压对岩石蠕变特性的影响。范秋雁等[40]指出岩石的蠕变是损伤效应与硬化效应共同作用的结果,通过构建蠕变、损伤及硬化曲线说明了蠕变3个阶段的形成机制:第一阶段为蠕变规律主要服从于硬化效应的衰减变化规律;第二阶段为蠕变规律主要服从于损伤效应的等速变化规律;第三阶段为蠕变规律服从损伤效应的加速变化规律。李栋伟等[41-48]基于三轴蠕变试验和对线性组合流变模型的分析,将Mises和Mohr-Coulomb强度准则引入组合模型,建立了冻结软岩的非线性蠕变方程。宋勇军等[49]指出岩石的蠕变是内部应力不断调整,硬化和损伤效应不断发展并共同作用的结果,借鉴经典元件模型的建模思路,引入岩石硬化函数和损伤变量,建立了岩石非线性蠕变模型。高文华等[50]以Burgers模型为基础,建立了考虑参数弱化的软岩蠕变本构方程,该本构模型体现了参数随时间增长和应力水平增大的不断弱化现象,有效反映了岩石材料的损伤劣化过程。李剑光等[51]指出软岩蠕变是"强化作用"和"弱化作用"动态变化的过程,蠕变的各阶段发生与否和"弱化"、"强化"强度对比有关。田洪铭等[52]基于蠕变过程中体积扩容引起的能量耗散即为损伤能量耗散的假设,建立了新的蠕变损伤演化方程,将蠕变损伤因子引入到ABAQUS软件幂指数经验模型中,得到非线性的蠕变损伤模型。王宇等[53]采用恒轴压、分级卸围压的方式对软岩进行了三轴卸荷流变试验,以Burgers流变模型为基础,建立了一个新的非线性损伤流变模型。王永岩等[54]使用有限元程序对地下1 500 m的深部软岩巷道蠕变规律进行了三维数值模拟,分析了温度场、应力场和化学场对深部软岩巷道蠕变规律的影响,指出深部软岩巷道产生大应变的主要来源是蠕变,弹性应变和热应变次之;温度场、应力场和化学场中,应力场对围岩蠕变的影响最大,化学场和温度场的影响次之。

1.2 软岩膨胀机理研究现状

膨胀性软岩问题是目前为止岩石力学领域中最复杂的课题之一[55-58]。鉴于现场围岩的泥化、膨胀现象,现对膨胀软岩方面的国内外相关研究现状进行简单综述。

膨胀软岩主要由强亲水性黏土矿物蒙脱石、伊利石、高岭石等组成,当岩体受到扰动,特别是遇水时,岩性发生巨大变化,体积膨胀变形,对其中的建构筑物产生巨大膨胀压力,严重影响工程稳定性。影响软岩膨胀的因素有内因和外因两方面[59]。内因决定了膨胀性软岩的膨胀能力和膨胀潜势的大小,主要包括岩石的成分、天然含水量、胶结程度等3种。研究表明:当蒙脱石含量在7%以上或伊利石含量在20%以上时,软岩即具有明显的膨胀性能;同时软岩的天然含水量愈大,膨胀势愈小,而天然含水量愈小,则膨胀势愈大;对于胶结程度来说,胶结性越差的岩石其膨胀性越强。外因决定了软岩发生膨胀的可能性,对于巷道掘进工程来说,主要是由于巷道的开掘活动引起的围岩应力变化和水分的得失,从而导致其膨胀势的增强或突变。

国内外对膨胀软岩的分级、膨胀机理以及遇水崩解过程进行了大量研究。不同级别的软岩其膨胀性能不同,对地下硐室、巷道、建构筑物的损害程度不同。日本、澳大利亚以及国内学者曲永新、王小军、文江泉、韩会增、崔旭、张玉、何满潮等[60-68]都对膨胀性软岩进行了分级,部分分级标准见表1-1～表1-4。

表 1-1　　日本膨胀性软岩分级标准

小于 2 μm 的黏粒含量/%	塑性指数 I_p	阳离子交换量/(me·100 g)	体膨胀量/%	单轴抗压强度/kPa	浸水崩解度	膨胀性分级
>50	>150	>55	>5	<1 000	D	剧烈
40～50	110～150	45～55	4～5	1 000～2 000	C,D	强
30～40	70～110	35～45	2～4	2 000～4 000	B,C	中等
20～30	40～70	25～35	1～2	4 000～6 000	A,B	弱

注：浸水崩解度是指把烘干的岩石浸入水中时的破坏程度，A 为无任何变化，B 与 C 为中间程度，D 为完全崩坏。

表 1-2　　澳大利亚膨胀性软岩分级标准

膨胀量/%	线收缩率/%	膨胀性分级
>31	>150	极强
16～30	12.5～17.5	强
8～15	8～12.5	中等
<7.5	5～8	弱

表 1-3　　崔旭、张玉膨胀性软岩分级标准

自由膨胀率/%	干燥饱和吸水率/%	围岩强度应力比/α	膨胀性分级
—	>130	<0.4	剧烈
>90	90～130	0.4～0.7	强
65～90	50～90	0.7～1.0	中等
40～65	25～50	1.0～2.0	弱

表 1-4　　何满潮膨胀性软岩分级标准

岩性	蒙脱石含量/%	干燥饱和吸水率/%	自由膨胀变形量/%
弱膨胀性软岩	<10	<20	<10
中膨胀性软岩	10～30	20～50	10～15
强膨胀性软岩	>30	>50	>15

对膨胀机理的研究形成了许多不同观点，具有代表性的有：黏土矿物晶格扩容引起的体积膨胀；工程应力作用下发生流变产生的膨胀；其他膨胀理论，如温度场理论、胀缩路径方程理论和渗透力学理论等。李国富[69]提出了影响膨胀的环境湿度、物化与结构特征、工程应力三要素。B. Christoph 等[70]研究了一种方法来预测泥化软岩的膨胀潜能。David L. Olgaard 等[71]

对不同膨胀土含量的湿泥岩进行了变形试验，通过试验获得给定围压下，低含量膨胀土泥岩比高含量膨胀土泥岩强度更高、更易碎，应力和延性的峰值差随压力的增加逐渐增加，泥岩的内摩擦角与膨胀成分的含量呈负相关关系。

周翠英等[72]对软岩膨胀机理进行了研究，认为软岩膨胀是黏土矿物吸水膨胀与崩解、离子交换吸附、软岩与水相互作用的非线性动力学机制综合作用的结果。苏永华和刘晓明等分别从分形的角度对软岩膨胀崩解过程进行了研究。苏永华等[73]试验发现软岩膨胀崩解是一个多重分形过程，在崩解达到一定程度后，崩解碎屑物的颗粒级别不再发生变化，膨胀停止，崩解物的分数维达到一个临界值，该临界值可定量表征软岩崩解机理。刘晓明等[74]则通过研究软岩崩解物的粒度及其分形特征变化规律，根据分形概念建立了模拟软岩崩解的数学模型。武雄等[75]通过试验和理论分析揭示强膨胀软岩的变形机理为蠕滑拉裂、梯级牵引、大雨大动、无雨微动，指出水分对膨胀软岩的显著影响。李国富等[76]对膨胀岩的物化和力学性质进行了试验，总结出巷道深度与围岩密度、孔隙比、吸水率、膨胀率、膨胀力、强度和弹性模量的关系；建立了膨胀岩的力学模型，通过理论模型与工程模型的耦合分析，提出了巷道底鼓、应变及支护应力的预测方法。孙元春等[77]在现有膨胀岩判别指标的基础上，提出以蒙脱石含量、胶结系数和比表面积作为软岩膨胀性判别与分级的三大指标。秦本东等[78-80]采用自行研发的高温岩石膨胀试验装置，对岩石试件在300～700 ℃高温下的膨胀性能进行了试验研究，获得岩石热膨胀应力与其岩性、内部矿物分解、孔隙率变化、声速变化等因素有显著关系。柴肇云等[81]试验研究了不同水化学环境下泥质软岩的膨胀性能，分析了层理面方位、同种类不同浓度、同浓度不同价位阳离子以及不同化学路径对泥质软岩膨胀性能的影响规律，结合扫描电镜能谱分析，探讨了泥质软岩膨胀性能发生变化的内在机制。

1.3 高应力软岩巷道失稳机理及控制对策研究现状

国内外相关专家对巷道围岩变形失稳机理及控制进行了详细研究，获得的主要理论有悬吊理论、组合梁理论、组合拱理论、新奥法等，近年来具有影响力的还有围岩松动圈理论[82-86]、围岩强度强化理论和最大水平应力理论[87]，对巷道围岩的破坏机理和支护结构体的作用机理进行了系统阐述，对软岩巷道失稳机理及其控制具有一定的指导作用。鉴于以前论文对传统理论已做过多次系统介绍，本书不对传统理论进行详细阐述，在此主要对国内外对深井高应力软岩巷道

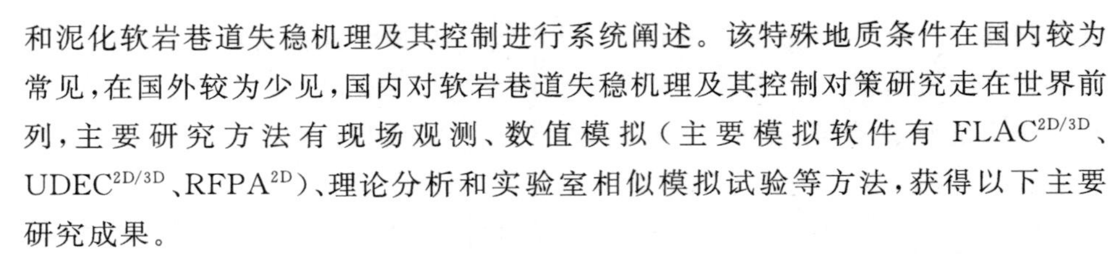
和泥化软岩巷道失稳机理及其控制进行系统阐述。该特殊地质条件在国内较为常见,在国外较为少见,国内对软岩巷道失稳机理及其控制对策研究走在世界前列,主要研究方法有现场观测、数值模拟(主要模拟软件有 FLAC$^{2D/3D}$、UDEC$^{2D/3D}$、RFPA^{2D})、理论分析和实验室相似模拟试验等方法,获得以下主要研究成果。

R. Corthésy 等[88]介绍了一种精确可靠的软岩应力现场测试方法。L. N. Tuong等[89]指出,浅埋围岩的变形主要是由于新裂隙的扩展、传播,与先前存在的裂隙合并的过程,运用高清晰度的数码相机结合数字影像关联对平面内单轴压缩下软岩内裂隙演化过程进行了分析。T. Tetsuya 等[90]对软岩硐室底板岩层的拉伸裂隙形成机理进行了系统研究,研究发现软岩硐室底板的裂隙分为两类:预先存在的剪切裂隙和开挖破坏区域的拉伸裂隙,拉伸裂隙的方向不受硐室开挖方向影响,主要由剪切裂隙和岩层内弱面(穿层裂隙)的方向决定。R. Yoshinaka等[91]对循环加载下软岩的力学行为进行了研究,得出软岩的力学性能(变形模量、剪切强度、压缩、膨胀性能)取决于塑性应变的程度,同时塑性应变的程度取决于围压的大小。Ö. Aydan 等[92]对日本大量软岩巷道分析研究,获得围岩发生明显流变的原因是围岩承载因子均小于 2。J. F. T. Agapito 等[93]探讨了不同水平应力状态对围岩稳定性的影响,得出高水平应力主要引起巷道底鼓破坏,低水平应力主要引起围岩冒顶破坏。

侯朝炯等[94-100]采用实验室试验和理论分析的方法,研究了锚杆支护对锚固范围内岩体峰值强度和残余强度的影响,系统分析了锚固体峰值强度前后弹性模量、黏聚力和内摩擦角等力学参数的变化。勾攀峰等[101]应用弹塑性力学理论建立了巷道围岩系统的势能函数,用突变理论建立了巷道围岩系统尖点突变模型,提出了确定深井巷道临界深度的方法。姜耀东等[102]在对深部巷道围岩变形、破坏特征和矿井动力显现观测的基础上,得出千米深井开采时水平构造应力远大于自重应力,原岩应力远大于巷道围岩强度,巷道破坏形式主要表现为大变形、强流变、严重底鼓,同时指出原岩应力状态对巷道围岩的变形破坏有着重要影响,而巷道形状对巷道围岩的破坏形式影响不大。李树清等[103]应用岩石峰后应变软化本构模型对深部巷道围岩变形进行了数值模拟研究,分析了深部巷道与浅部巷道围岩承载结构的区别,探讨了支护阻力对深部巷道围岩承载结构的影响。柏建彪等[104-108]认为深部巷道围岩控制的基本方法是提高围岩强度、转移围岩高应力以及采用合理的支护技术。左宇军等[109]利用岩石破裂过程分析系统 RFPA^{2D}分析了动力扰动对深部岩巷破坏过程的影响,从细观角度分析了不同深度巷道在动力扰动下的破坏规律。王卫军等[110]针对深井巷道支护问题,指出必须采用较高强度的支护结构对深井煤层巷道进行控制，有效减少围岩内部强度损失，在巷道周围尽快形成稳定承载结构，这样才能有效缩小围岩塑性区范围，有利于巷道的稳定。孙晓明等[111]针对深部巷道在开挖与支护过程中的非线性力学特性，指出在巷道实施锚网耦合支护后，在围岩剧烈变形阶段临近结束时施加锚索关键部位补强加固，可以实现锚索、锚网和围岩之间的有效耦合，从而实现巷道围岩由高应力向低应力的转化。

康红普等[112-117]针对煤矿深部及复杂困难巷道条件提出高预应力、强力支护理论，该理论认为深部及复杂困难巷道支护的主要作用在于控制围岩离层、滑动、裂隙张开、新裂纹产生等不连续的扩容变形，使围岩处于受压状态，抑制围岩弯曲变形、拉伸与剪切破坏的出现，提出合理的支护形式为支护系统具有较高的支护刚度与强度，同时支护系统具有足够的延伸率，遵循“先刚后柔再刚、先抗后让再抗”的支护原则。王其胜等[118]借助 $FLAC^{3D}$数值模拟软件，探讨了深部软岩巷道围岩变形破坏特征，分析了巷道开挖后围岩破碎区、塑性区范围以及其应力位移演化规律，提出了用短锚杆或铆钉取代管缝式锚杆、加打底角锚杆对巷道底板进行加固的支护方案。李学华等[119]对高水平应力下底板巷道位移场与应力场分布的形态进行了系统研究，获得巷道肩角处是首先失稳的弱面位置。何满潮等[120-125]通过研究提出了深部高应力软岩巷道耦合支护理论与技术，该理论针对深部高应力软岩的非线性大变形特性，强调支护体与岩体在结构、刚度、强度上的耦合，发挥支护体与围岩共同承担荷载的作用，保持深部巷道围岩的稳定。

张农[126-132]系统分析了淮南矿区深部巷道围岩赋存特征和应力状态等因素，确定影响巷道围岩稳定及锚杆选型的最主要因素为巷道顶板应力指数、帮部煤体松散系数、顶板软弱岩层不安全因子 3 个综合指标，在此基础上提出以新型“三高”(高强度、高预拉力、高刚度)锚杆控制技术为基础的深部巷道围岩控制对策。张强勇等[133]采用相似材料三维力学模型试验再现了深部巷道分区破坏机制。常聚才等[134]提出了深部巷道锚网索刚柔耦合及围岩整体注浆加固支护技术。李德忠等[135]指出深部巷道开挖后围岩划分为裂隙区、塑性区、弹性区，通过计算对三个分区的力学性能进行了分析，在此基础上阐述了巷道变形机理，得出了塑性区的应力-应变计算公式。荆升国[136]、谢文兵等[137]对深井高应力软岩巷道中的 U 型钢支架承载特性和失稳原因进行了系统分析，提出了支护结构补偿原理，提出了有效的支护稳阻技术和补偿方法。余伟健等[138]分析了影响高应力巷道稳定性的 3 种主控因素以及破坏机理，以围岩最大允许位移、巷道使用时间、围岩变形速率作为支护的基本参数，提出了适当让压、及时控制巷道围岩变形、及时封底的支护方式。高富强等[139]采用 FLAC 数值模拟软件对巷道围

岩分区破裂的产生及演化过程进行了模拟分析。

高延法等[140]针对深井高应力软岩及动压巷道支护难度大的难题，研发了钢管混凝土支架，该支架具有较高的支护反力。张国锋等[141]针对深井大地压软围岩回采巷道围岩变形大、支护严重失效现象，提出了恒阻大变形锚杆初次支护对策，结合底角加固、两帮让压、顶板加强的二次补强措施，形成了适应软岩巷道大变形特征的协同支护结构体。王襄禹等[142-143]基于深井巷道围岩应力松弛特征，建立了锚杆支护的黏弹性应力松弛力学模型，分析了在应力松弛过程中巷道围岩应力场的演化规律，获得了深井巷道围岩稳定的判定方法。杨双锁[144]提出了涵盖围岩-支护结构体相互作用全过程的波动平衡理论。肖同强等[145-146]针对深部高应力、大断面、厚顶煤巷道围岩控制难题，对其变形破坏机理及控制技术进行了系统研究。牛双建等[147]在某深部矿井软岩巷道矿压显现规律、室内岩石成分分析及岩石力学参数测试的基础上，分析并揭示了软岩巷道变形失稳机理，结合松动圈测试结果，提出了初期采用主动柔性支护、中期预留变形量、后期采用全断面高强度和高刚度支护方式对其流变变形强“抗”的刚柔耦合支护技术。王琦等[148]针对高应力软岩巷道的大变形问题，以“先控后让再抗”的支护理念为指导，研发出高强让压型锚索箱梁支护系统。龙景奎等[149]提出了巷道围岩协同锚固的研究思路。严红等[150]针对深井大断面煤巷大变形控制难题，提出了高应力大断面巷道围岩控制系统——双锚索桁架。郭建伟[151]采用离散元数值模拟方法研究了深部巷道围岩变形破坏过程，分析了其破坏机理，提出了巷道围岩控制技术。谢广祥等[152]提出了深井巷道围岩控制的最小变形支护原理，阐明了允许巷道一定变形的支护方法，研发了深井巷道围岩稳定性控制的时空耦合一体化支护技术。

综合深部高应力软岩巷道围岩变形机理及控制对策研究，深部高应力软岩巷道围岩控制形成了“先刚后柔再刚，先抗后让再抗”和“先柔后刚，先让后抗”两种基本观点，两种观点中均体现了柔让适度、合理让压这一重要思想，对巷道支护起到重要的指导作用。

1.4 膨胀软岩巷道失稳机理及控制对策研究现状

膨胀软岩的埋深一般较浅，强度较低，具有较高膨胀性，而该软岩地质条件地应力水平一般较低，而岩层的膨胀压力却较大，其膨胀压力为巷道失稳的主要压力来源。该类软岩巷道的控制与深井高应力软岩巷道失稳机理呈现一定差异性，其控制对策方面也具有较大不同，现对膨胀软岩巷道失稳机理及其控制对策研究现状综述如下。

J. Hadizadeh 等[153]对不同加载方式(应力状态和变形加载速率)下水对砂岩微观颗粒及胶结物的影响进行了研究,进一步分析了水对岩石的软化作用。Z. A. Erguler 等[154]等通过对黏土岩试验研究得出其弹性模量、抗拉强度和单轴抗压强度随含水率的降低衰减程度分别高达 93%、90%、90%。

李学华等[155]采用钻孔窥视的手段对泥岩顶板裂隙演化规律和破裂特征进行了分析,指出围岩裂隙由浅部逐渐向深部扩散,控制围岩微裂隙区向裂隙发育区演化,避免裂隙发育区发展到锚固区之外是保证富水泥岩巷道顶板稳定的关键。李波等[156]指出膨胀软岩控制的关键是减少对围岩的扰动。姚强岭等[157]指出泥化软岩中,较高的膨胀应力促使围岩在三向受力状态下发生崩解、破坏,引起锚杆承载基础弱化,导致巷道顶板的变形失稳。夏宇君等[158]针对富水软岩大断面交叉点的稳定性控制难题,提出了关键部位补强+全断面锚注+U29型钢支架(拱部、肩部固棚锚索加固)+反底拱(钢筋混凝土砌筑)等复合型全封闭支护手段进行加固。王卫军等[159]指出对于松散破碎的膨胀软岩,由于巨大的膨胀压力,让压是必不可少的,但不能采用主动让压方式,必须采用高阻让压,在释放围岩变形能的同时,有效阻止围岩破碎区的发展,据此提出了“高阻让压、高强度”支护方案。赵红超等[160]采用岩石强度衰减非线性蠕变模型,通过数值模拟的方法研究分析了巷道围岩应力、位移演化速率与时间的关系,指出时间效应以及不合理的支护参数是围岩变形失稳的根本原因,在此基础上提出了“高强预紧,适度让压,封闭裂隙,切断水源”的围岩控制措施。

到目前为止,纯粹关于膨胀软岩巷道失稳及其控制对策研究相对较少,文献[159]和文献[160]中明确提出高强支护、隔绝水源、减小开采扰动对膨胀软岩支护的重要作用,该支护思想为本书支护方案选择的重要依据。

1.5 研究背景及意义

煤炭作为我国的主体能源,在国民经济中占有重要战略地位。长期以来,煤炭在我国一次能源生产和消费构成中所占比例均在 2/3 以上。2012 年我国原煤产量为 26.75 亿 t,2013 年我国原煤产量为 27.05 亿 t,2014 年煤炭产量为 26.63 亿 t,2015 年煤炭产量为 26.10 亿 t,2016 年煤炭产量为 24.08 亿 t。根据国家计委近期的研究预测,2050 年煤炭占全国能源消费总量的比例将不低于 50%。未来几十年内,煤炭依然是我国的主要能源,以煤炭为主的能源结构将难以改变。因此,高效、合理地开发利用煤炭资源对我国国民经济的发展具有重要意义。

随着我国煤炭资源开采程度的加深,煤炭生产过程中遇到了一系列突出问

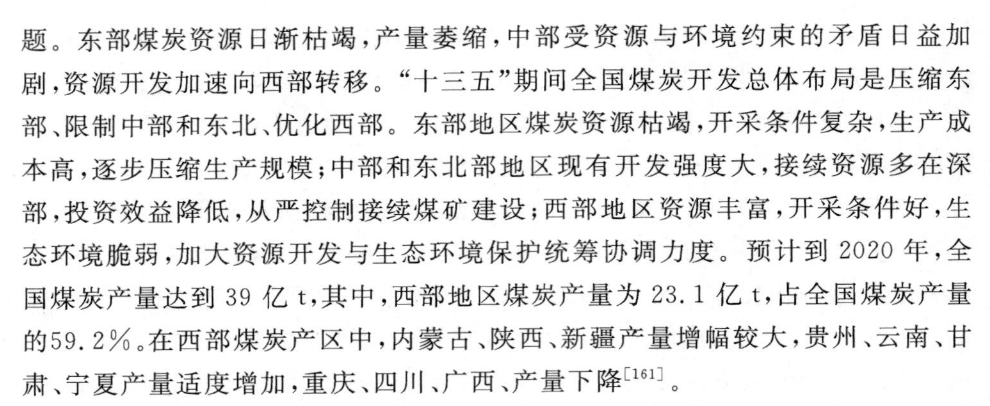

题。东部煤炭资源日渐枯竭，产量萎缩，中部受资源与环境约束的矛盾日益加剧，资源开发加速向西部转移。“十三五”期间全国煤炭开发总体布局是压缩东部、限制中部和东北、优化西部。东部地区煤炭资源枯竭，开采条件复杂，生产成本高，逐步压缩生产规模；中部和东北部地区现有开发强度大，接续资源多在深部，投资效益降低，从严控制接续煤矿建设；西部地区资源丰富，开采条件好，生态环境脆弱，加大资源开发与生态环境保护统筹协调力度。预计到 2020 年，全国煤炭产量达到 39 亿 t，其中，西部地区煤炭产量为 23.1 亿 t，占全国煤炭产量的59.2%。在西部煤炭产区中，内蒙古、陕西、新疆产量增幅较大，贵州、云南、甘肃、宁夏产量适度增加，重庆、四川、广西、产量下降[161]。

在西部煤炭新区的开发建设过程中，机遇与挑战并存。煤炭开采在为企业带来利润的同时，相继出现中、东部地区矿井建设过程中所未遇到的困难。攻克这些难题，对保障国家能源安全、带动当地经济繁荣、促进企业持续发展具有重要意义。

查干淖尔一号井位于内蒙古自治区锡林郭勒盟境内，是西部地区褐煤资源开发的一个重点区域。该处煤田所处地层多为白垩系、侏罗系地层，煤层赋存在 210 m左右的浅部，其煤层赋存条件与中、东部煤田的石炭二叠系地层具有较大差异，在其埋深范围内无坚硬岩层，其赋存岩层多为力学强度偏低的软岩类岩石（抗压强度为 0.12～5.12 MPa，平均为 1.71 MPa；抗拉强度为 0.06～0.39 MPa，平均为 0.12 MPa；凝聚力为 0.24～0.39 MPa；内摩擦角为 25.16°～29.01°），岩石遇水泥化、膨胀严重。在立风井施工穿越泥岩段过程中，遇到了极为剧烈的井筒膨胀变形问题，井筒局部破坏严重，后经刷大井筒、预留变形量、增加泡沫板等处理方法，围岩变形得以控制；主斜井倾角为 16°，斜长为 740 m，在掘进至 325 m泥岩段位置时，围岩膨胀变形严重，现已采取多种支护方式，但均未取得理想效果；副立井掘进过程中无明显围岩变形问题，现在正在开掘两侧的马头门阶段。

风井掘进到底，现在回风大巷已施工 760 m，但在回风大巷施工过程中，遇到了极为剧烈的矿压显现，底板鼓起、两帮移近、顶板下沉现象几乎伴随整个回风大巷的掘进过程，现已尝试采用 U36 架棚支护、U36 架棚＋锚网喷支护、16# 普通工字钢对棚＋锚网喷支护、12# 矿用工字钢对棚＋锚网喷等支护方式，几乎全部失败，须经 1～2 次返修围岩才能趋于稳定，巷道现场破坏状况如图 1-1 所示。回风大巷的大量返修工作大大降低了掘进速度、增加了掘进成本，极大地影响了矿井建设工期。在距该矿 200 km 的五间房煤矿，所遇地质条件明显与该矿地质条件不同，其建设过程中软岩特性不明显，采用 U29 架棚＋锚网喷支护，巷道围岩稳定性较好，无明显变形现象。

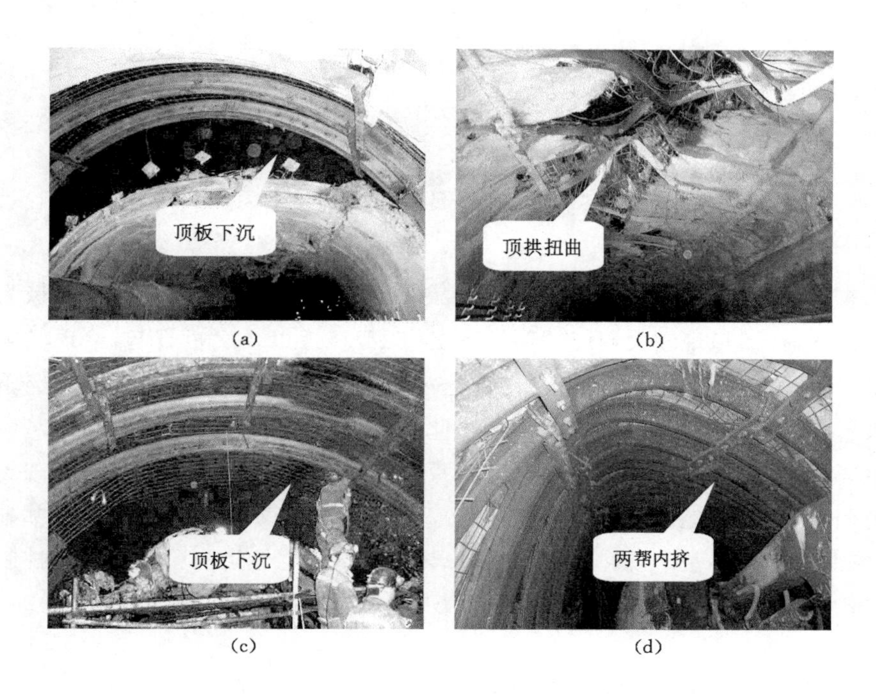

(a) (b) (c) (d)

图 1-1 回风大巷施工现场破坏状况图

查干淖尔一号井为锡盟地区较早开工建设矿井，其主斜井及回风大巷软岩支护难题在全国范围内罕见，除距该矿较近的五间房煤矿，尚无相似经验可以借鉴。针对这类特殊软岩问题，该矿组织专家现场论证，将该软岩问题定性为世界难题。鉴于该矿软岩巷道的支护难度，攻克该难题，进一步明确巷道失稳机理，提出合理支护方式，对保证矿井顺利建设、带动该地区煤炭资源的后续开发具有重要意义。

2 基本参数测试分析

查干淖尔一号井正在施工的回风大巷和主斜井在掘进过程中遇到了极为剧烈的矿压显现，呈现较大幅度的顶板下沉、两帮移近以及底板鼓起，给现场生产带来严重影响。查干淖尔一号井为该地区较早开工建设矿井，尚无成功经验可以借鉴，缺乏围岩变形基础数据。鉴于此，结合地质勘探报告，本章首先对该矿区主要岩层（泥岩）进行矿物成分分析，并进行试块含水率测试，然后进行现场地应力测试，掌握该地区地应力分布规律，最后通过现场实测获得围岩变形基础数据，掌握围岩变形基本规律，为进一步探讨该地区软岩巷道失稳机理及其控制对策提供依据。

2.1 泥岩基本参数测试分析

2.1.1 工程概况

2# 煤层为本井田主要可采煤层，平均埋深为 210 m，厚度为 3.10～41.95 m，平均厚度为 22.32 m，煤层较稳定，顶、底板岩层以强度较低的泥岩、砂质泥岩为主，岩层力学参数见表 2-1。确定该类岩层属于软岩、极软岩类型，该类岩层无自承能力。

表 2-1 岩层力学参数表

名称	孔隙率/%	抗压强度/MPa	抗拉强度/MPa	内聚力/MPa	内摩擦角/(°)
泥岩	26.20～54.11	0.12～5.12	0.06～0.39	0.24～0.39	25.16～29.01
粉砂岩	17.48～27.13	0.64～8.00	0.07～0.61	0.23～0.50	13.70～25.50
细砂岩	24.60～55.12	0.42～1.26	0.02～0.10	0.25	14.20

矿井设计阶段，考虑顶底板岩层强度较煤层低，因此将巷道布置在煤层中，巷道相对位置和断面尺寸如图 2-1 所示。

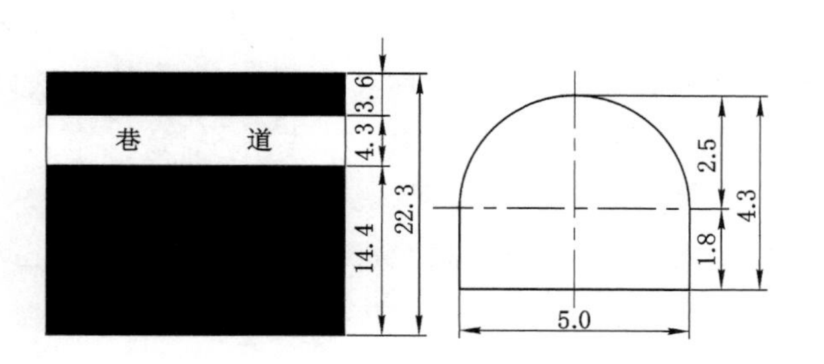

图 2-1 巷道相对位置和断面图(单位:m)

2.1.2 矿物成分测试分析

由于煤层顶底板泥岩取样过程中钻孔成孔困难,获得完整岩样条件差,因此将取样地点选为主斜井范围。主斜井施工至埋深 90 m 位置,即 2# 煤层上方 120 m 位置时,对比钻孔柱状图发现,该处泥岩与煤层上方泥岩岩性一致。在主斜井迎头位置选取大型完整石块,进行现场密封保存,在实验室进行取样测试分析。

通过化验分析,获得泥岩主要由石英、钾长石、斜长石和黏土矿物组成,其中黏土矿物成分高达 60.6%;而黏土矿物主要由高膨胀性的蒙脱石、伊利石和高岭石组成,其中蒙脱石含量高达 82%,对应蒙脱石在泥岩中的含量高达 49.7%。泥岩矿物成分和黏土矿物成分分别见表 2-2 和表 2-3。根据孙晓明等[162]强膨胀性软岩分级标准,纯蒙脱石含量达到 40%~60%时为极强膨胀性软岩,确定查干淖尔一号井顶底板泥岩为极强膨胀性软岩。

表 2-2 泥岩矿物成分表

矿物成分名称	石英	钾长石	斜长石	黏土矿物
含量/%	32.7	10	5.7	60.6

表 2-3 黏土矿物成分表

黏土矿物成分名称	蒙脱石	伊利石	高岭石
含量/%	82	10	8

2.1.3 含水率测试分析

鉴于含水率对泥岩膨胀性能的影响,选取 3 个试块进行了含水率测试。首

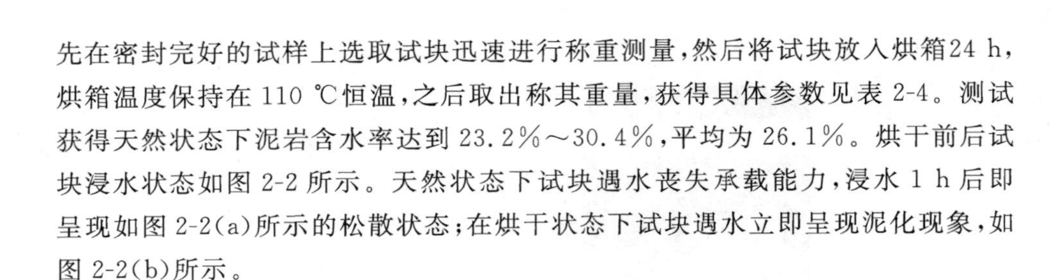

先在密封完好的试样上选取试块迅速进行称重测量，然后将试块放入烘箱24 h，烘箱温度保持在 110 ℃恒温，之后取出称其重量，获得具体参数见表 2-4。测试获得天然状态下泥岩含水率达到 23.2%～30.4%，平均为 26.1%。烘干前后试块浸水状态如图 2-2 所示。天然状态下试块遇水丧失承载能力，浸水 1 h 后即呈现如图 2-2(a)所示的松散状态；在烘干状态下试块遇水立即呈现泥化现象，如图 2-2(b)所示。

表 2-4　　含水率测试具体参数表

编号	颜色	天然质量/g	净干质量/g	含水质量/g	含水率/%	备注
1	灰绿色	114.016	87.516	26.5	23.2	3 试块烘干后遇水立即软化、崩解，呈现粉末状态
2	黑色	95.07	66.174	28.896	30.4	
3	灰色	86.425	65.072	21.353	24.7	

(a)

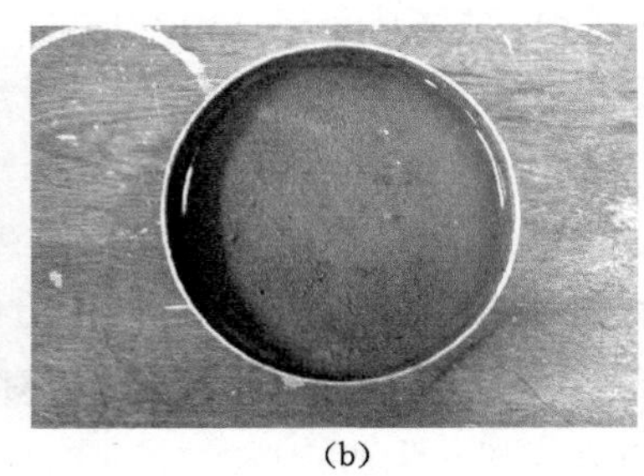

(b)

图 2-2　泥岩试块浸水状态图

(a) 未烘干遇水；(b) 烘干遇水

2.1.4　膨胀压力测试分析

鉴于顶底板泥岩为强膨胀性泥岩，为定量确定膨胀压力的大小，采用 SCY-1 型膨胀压力试验仪对 3 个试块(直径 50 mm、高 50 mm)进行了膨胀压力测试，膨胀压力试验仪具体结构如图 2-3(a)所示。为有效消除边界摩擦力的影响，在试验仪的侧向约束金属环内壁涂抹凡士林。在试块固定、千分表调整完毕、数显表接通电源调试完毕后，向盛水槽内加入蒸馏水，观察千分表的变化，当变形量达到 0.001 mm时，通过手轮轻微调整丝杠调节所施加的压力，使试件膨胀变形在整个过程中保持不变，每隔 10 min 读数一次，连续 3 次读数差小于 0.001 mm 时改为每小时读数 1 次，连续 3 次读数差小于 0.001 mm 时，即可认为压力稳定，浸水后总的试验时间不得少于 48 h。试验结束后试块状态如图 2-3(b)所示。

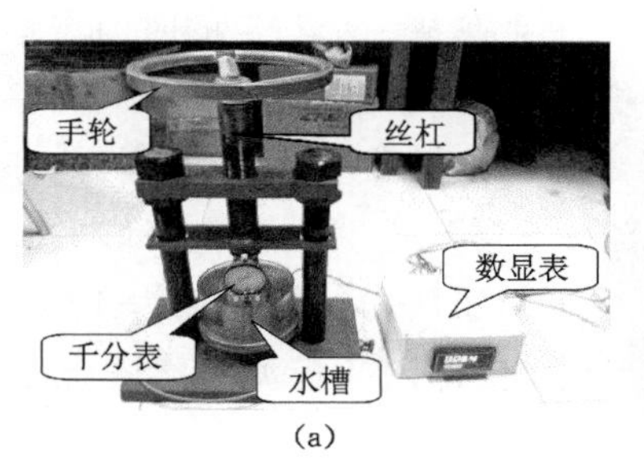

(a)

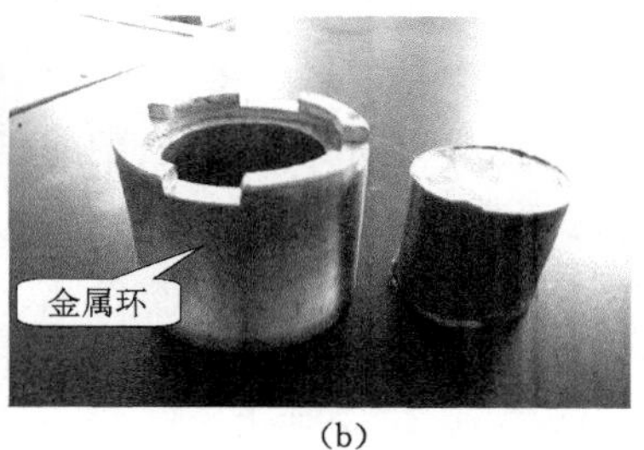

(b)

图 2-3　膨胀压力试验图

(a) SCY-1 型膨胀压力试验仪；(b) 膨胀试块状态

测试获得泥岩膨胀压力曲线如图 2-4 所示。可以看出，3 个试块膨胀压力演化规律基本一致，在充分吸水条件下，试块的膨胀压力经过最初的剧增后呈指数规律增长，随浸水时间的增加压力增长速率逐渐减小。在浸水 10 h（即 600 min）前，3 个试块的膨胀压力呈现一定的离散性，在浸水 10 h 后，3 个试块的膨胀压力较接近，且演化规律基本一致。在浸水 10 h 时试块的膨胀压力平均为 24.037 MPa，浸水 20 h 时试块的膨胀压力平均为 29.587 MPa，浸水 30 h 时试块的膨胀压力平均为 33.95 MPa，浸水 40 h 后试块基本充分吸水达到完全饱和，膨胀压力基本趋于稳定，此时试块膨胀压力平均为 35.567 MPa。浸水 3 200 min时试验停止，最终获得试块膨胀压力为 35.7～36.7 MPa。这样，浸水 20 h 时试块膨胀压力约为浸水 10 h 时的 1.231 倍；浸水 30 h 时试块膨胀压力约为浸水 10 h 时的 1.412 倍，约为浸水 20 h 时的 1.147 倍；浸水 40 h 时试块膨胀压力为浸水 10 h 时的 1.480 倍，约为浸水 20 h 时的 1.202 倍，约为浸水 30 h 时的1.048倍。随着浸水时间的增加，试块吸水逐渐达到饱和状态，试块膨胀速率逐渐降低，膨胀压力逐渐趋于稳定。

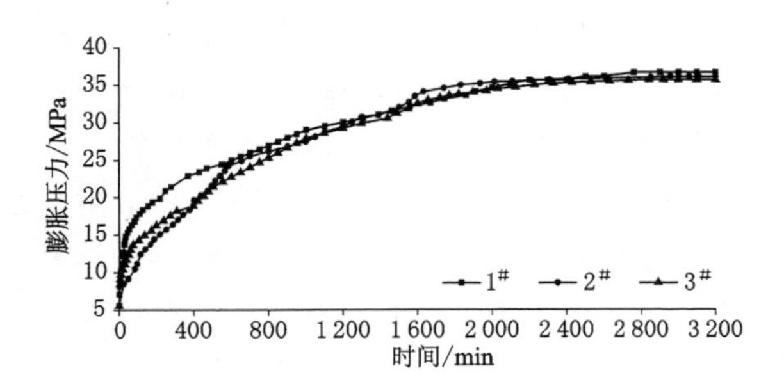

图 2-4　膨胀压力试验曲线图

可以看出，在充分吸水条件下，岩石试块会在某一个确定的时间点膨胀应变接近最终应变值，此后岩石将不再产生明显膨胀变形，即岩石膨胀应变存在时间阈值 t_0，在未到达时间 t_0 时，岩石的非稳定膨胀呈指数形式增长，到达时间 t_0 后，岩石的膨胀应变接近最终应变值，此后岩石不再产生明显膨胀变形。试验获得查干淖尔一号井顶底板泥岩充分浸水条件下膨胀压力时间阈值为 40 h，即在浸水 40 h 后泥岩膨胀变形基本趋于稳定。拟合获得顶底板泥岩膨胀压力 p 与浸水时间 t 之间的演化关系为：

$$p = -9.552\mathrm{e}^{-\frac{t}{23.201}} - 22.488\mathrm{e}^{-\frac{t}{1\,195.509}} + 38.594 \tag{2-1}$$

针对该高膨胀性泥岩，采取措施减少掘进工作面洒水、及时封闭围岩减少其在空气中暴露时间，切断深部岩层膨胀变形条件，有效限制深部围岩膨胀区域，将支护结构体所承受膨胀压力控制在有限的范围内为现场围岩稳定性控制的必要条件。

2.2 地应力测试分析

2.2.1 地应力测量方法概述

地应力是引起地下工程变形、破坏的根本动力，其大小和方向对围岩稳定性影响很大。地应力测量是确定工程岩体力学属性、进行围岩稳定性分析、实现地下工程优化设计的必要前提，对工程实践具有重要参考价值。煤矿地应力测量可为矿区井田开拓、巷道支护设计、采煤方法的选择提供依据。

目前地应力测量方法很多[163-170]，根据测量原理不同可分为三大类：① 以测定岩体应变、变形为依据的力学法，包括应力解除法、应力恢复法及水压致裂法等；② 以测量岩体中声发射、声波传播规律[166]、电阻率或其他物理量变化为依据的地球物理方法；③ 以根据地质构造和井下岩体破坏状况确定应力方向的方法。其中，水压致裂法与应力解除法是应用较广泛的两种方法。由于现场泥岩遇水膨胀严重，在此选择应力解除法进行地应力测量工作。

应力解除法是目前应用最广的一种地应力测量方法。这一方法首先是在岩石中钻一测量孔，将测量传感器安装在测孔中并观测读数，然后在测量孔外同心套取岩芯，使岩芯与围岩脱离。岩芯上的应力因被解除而产生弹性恢复。根据应力解除前后所测差值，计算出地应力的大小和方向。应力解除法测量结果较准确，而且其中的空心包体应力解除法采用一个钻孔即可获得测点的三维应力，简便、可靠。本书采用空心包体应力解除法进行了现场地应力测量工作，具体相关测量设备如图 2-5 所示，KX-2002 空心包体应力计如图 2-6 所示。

图 2-5　空心包体地应力测量相关设备

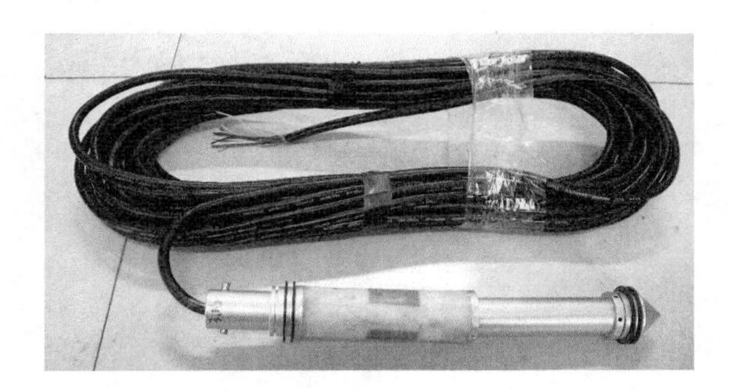

图 2-6　KX-2002 空心包体应力计

2.2.2　地应力测试数据分析

结合煤矿现场巷道布置，选取 3 个测点进行测试工作，最终获得 2 个测点的应变数据。现场测试过程如图 2-7 和图 2-8 所示，获得应变演化规律如图 2-9 和图 2-10 所示。

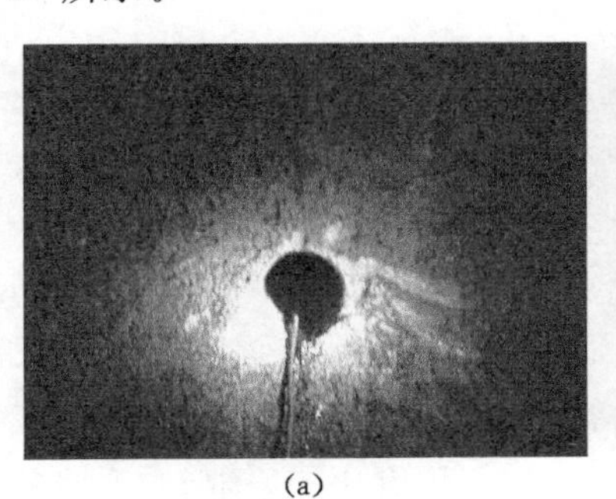

(a)

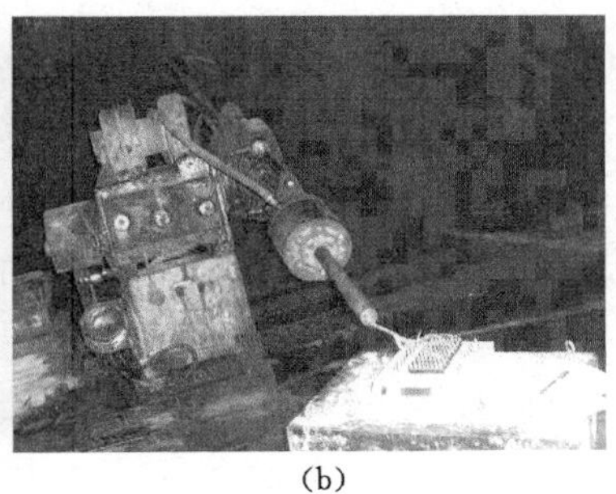

(b)

图 2-7　测点 1 地应力测试过程

(a)

(b)

图 2-8 测点 2 地应力测试过程

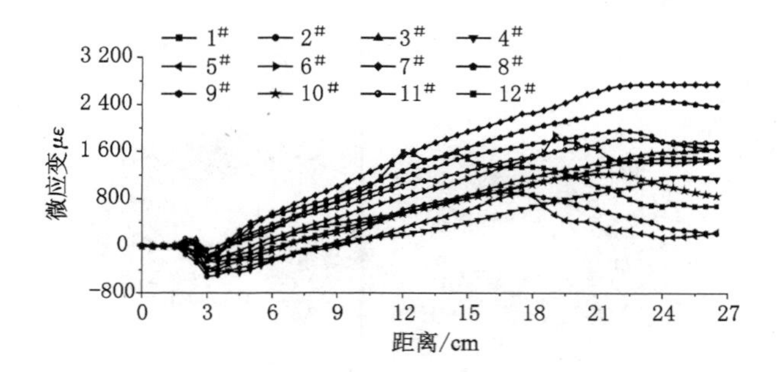

图 2-9 测点 1 地应力测试数据演化规律

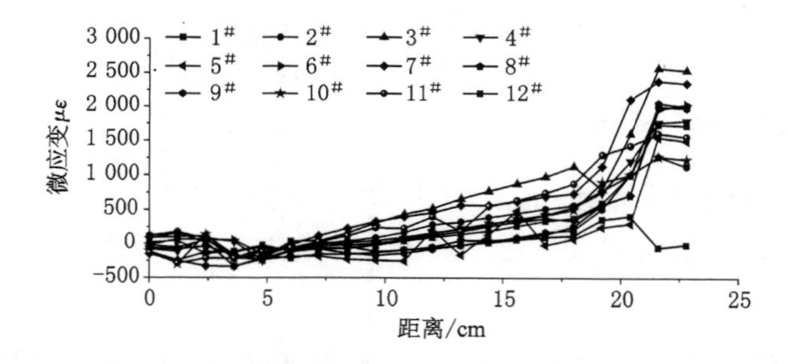

图 2-10 测点 2 地应力测试数据演化规律

由 2 个钻孔应力解除过程中应变-解除距离曲线可以看出，各应变片数值演化趋势规律性明显。测点 1 中在岩芯解除的最初阶段，测试探头受解除扰动影响较小，应变数值较小且演化较平缓；岩芯解除至 3 cm 位置时受解除扰动影响应变数值有所波动，之后随解除距离的增加，应变数值近于线性增加；在岩芯解除达到 23 cm 时，岩芯断裂，完成解除工作，应变数值趋于稳定，应变演化趋势趋向水平。整个解除过程应变演化规律大体分为应变平缓区、应变增长区和应变稳定区三个阶段。在测试探头不受或受较小采动影响时，应变演化较平缓，为应

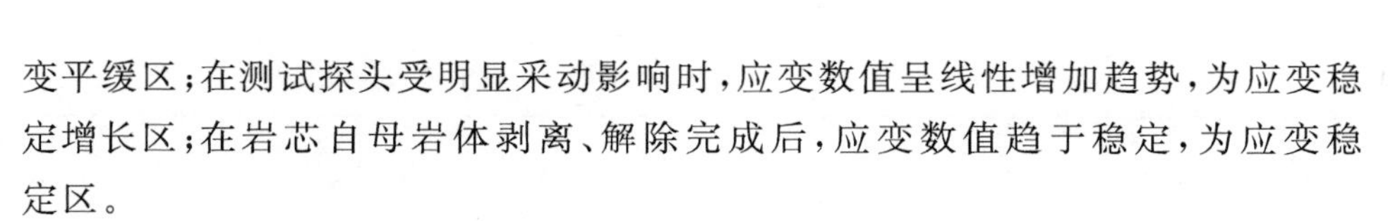

变平缓区；在测试探头受明显采动影响时，应变数值呈线性增加趋势，为应变稳定增长区；在岩芯自母岩体剥离、解除完成后，应变数值趋于稳定，为应变稳定区。

测点 2 中应变演化规律同样可以分为应变平缓区、应变增长区和应变稳定区三个阶段。在岩芯解除最初的 5 cm 范围内，应变演化较平缓，之后应变数值呈现线性增加，在岩芯解除至 20 cm 位置时应变数值发生突变，此时完成岩芯的解除工作，之后应变数值趋于稳定。

总结测点 1、2 应变演化规律，在岩芯最初解除的 3～5 cm 范围内，测试探头受采动影响较小，应力解除曲线较平缓；在岩芯解除的中间阶段，随解除距离的增加，应变数值线性增加；在岩芯解除达到 20～23 cm 时，岩芯从母岩体剥离，完成岩芯的解除工作，应变数值趋于稳定，解除曲线趋向水平。

选取稳定后的应变数值代入地应力计算软件，获得地应力测试结果见表 2-5。综合分析 2 个测点地应力测试结果，获得查干淖尔一号井地应力分布规律为：

(1) 最大主应力大小为 8.41～8.66 MPa，方位角为 S89.33°E～S87.07°E，倾角为 12.5°～18.12°。

(2) 最小主应力大小为 2.54～3.25 MPa，方位角为 S2.34°E～S5.09°E，倾角为－13.34°～6.58°。

(3) 垂直应力为 4.72～4.91 MPa，其数值与按照上覆岩层厚度和容重计算获得的垂直应力数值 4.2 MPa（巷道所处位置埋深 210 m，上覆岩层平均容重为2 t/m^3）基本相近。

(4) 最大主应力与水平面夹角小于 20°，说明查干淖尔一号井最大主应力近于沿水平方向，该区地应力场以水平应力为主，最大水平应力 σ_H 与垂直应力 σ_V 的比值为 1.764～1.782，即该地区的侧压系数为 1.764～1.782。

根据现场巷道布置以及所测地应力方位角，获得最大主应力近于沿东西方向，与水平面夹角较小，最小主应力近于沿南北方向，最大主应力即为最大水平主应力。根据最大水平主应力理论，巷道稳定性受最大水平主应力影响呈现 3 个特点：① 与最大水平主应力方向平行的巷道所受影响最小，巷道围岩稳定性最好；② 与最大水平主应力方向呈锐角相交的巷道，其巷道围岩变形偏向巷道某一帮；③ 与最大水平主应力方向垂直的巷道所受影响最大，围岩稳定性最差，变形破坏最严重。对应获得查干淖尔一号井南北走向巷道受地应力影响较大，围岩稳定性差，不利于巷道的维护，东西走向巷道受地应力影响较小，围岩稳定性好，有利于巷道的维护。因此，后续巷道布置应尽量避开最大水平主应力的影响方向，以利于巷道的维护。

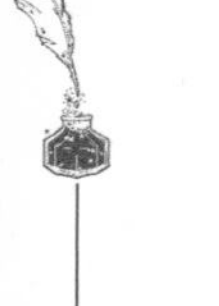

表 2-5　　　　地应力测试结果

测点	主应力			
	主应力	大小/MPa	方位角/(°)	倾角/(°)
1	σ_1	8.41	S89.33°E	12.50
	σ_2	3.18	N42.33°E	71.56
	σ_3	2.54	S2.34°E	−13.34
	σ_z	4.72		
2	σ_1	8.66	S87.07°E	18.12
	σ_2	4.53	N65.74°E	70.64
	σ_3	3.25	S5.09°E	6.58
	σ_z	4.91		

2.2.3　最大主应力与膨胀压力对比分析

膨胀压力试验获得查干淖尔一号井顶底板泥岩膨胀压力为35.7～36.7 MPa，地应力测试获得其最大水平主应力为8.41～8.66 MPa。可以看出，该地区泥岩膨胀压力远远大于最大水平主应力，膨胀压力最大值约为最大水平主应力最大值的4.238倍，则在现场生产中膨胀压力将是巷道围岩破坏的主要压力来源。

参考康红普等[171]地应力测试结果，协庄矿1202东运输巷埋深为1 150 m，最大水平主应力为34.60 MPa；华丰矿−1 100 m大巷埋深为1 220 m，最大水平主应力为42.10 MPa；华丰矿−1 010 m水平大巷埋深为1 130 m，最大水平主应力为33.15 MPa。可以看出，查干淖尔一号井泥岩膨胀压力较埋深1 150 m的深井地应力数值还要大。根据埋深1 150 m和1 220 m地应力数值，采用线性插值法，获得该地区软岩膨胀压力近似于埋深1 170 m地应力数值。因此，采取措施控制泥岩膨胀变形为该地区巷道支护的根本出发点。

2.3　巷道围岩变形现场监测分析

2.3.1　测站布置

随着掘进工作面的推进，已掘巷道变形剧烈，后续巷道不断提高支护强度以保持围岩稳定，为对比不同支护强度的支护效果，共布置了4个测站，各测站具体位置如图2-11所示。

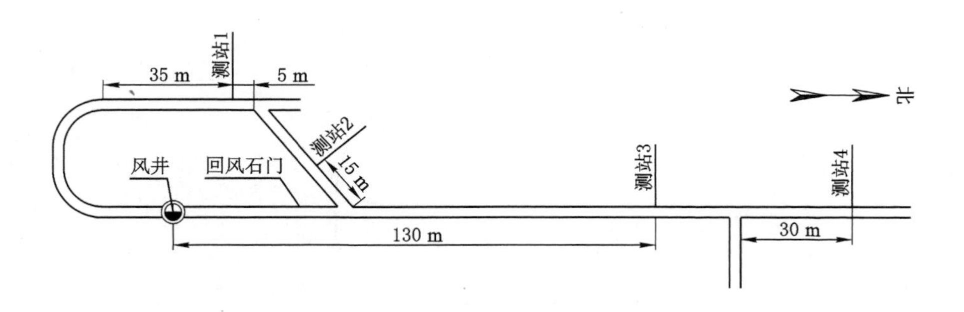

图 2-11 测站布置图

在巷道掘进初期，由于对巷道变形机理认识不足，采取底板卸压的方式释放围岩膨胀压力，因此架棚支护时并未及时进行封底。各测站支护形式简介如下：

(1) 测站 1 布置在回风平巷 I 中，具体位置如图 2-11 所示。该处所用支护方式为 U36 型钢架棚支护，棚距为 700 mm。

(2) 测站 2 布置在回风联巷中，具体位置如图 2-11 所示。该处所用支护方式为 U36 型钢架棚＋锚网喷支护，锚杆规格为 ϕ20 mm×2 500 mm，全长锚固，锚杆间排距为 700 mm×700 mm，棚距为 700 mm。

(3) 测站 3 布置在回风石门中，具体位置如图 2-11 所示。该处所用支护方式为 16# 普通工字钢对棚＋锚网喷支护，锚杆规格为 ϕ20 mm×2 500 mm，全长锚固，锚杆间排距为 700 mm×700 mm，棚距为 680 mm。

(4) 测站 4 布置在回辅联巷中，处于丁字口上方 30 m 位置，具体位置如图 2-11 所示。该处支护方式为 12# 矿用工字钢对棚＋锚网喷支护，锚杆规格为 ϕ20 mm×2 500 mm，全长锚固，锚杆间排距为 700 mm×700 mm，棚距为 500 mm。

2.3.2 监测内容及监测方式

为获得围岩变形基础数据，每个断面主要监测顶板下沉量、两帮移近量、底鼓量以及锚杆受力状况。巷道变形采用十字布点法，利用钢尺、卷尺等测量工具进行测量。在每个监测断面巷道中心线顶底板位置和距底板 1.0 m 的水平方向两帮位置安装测钉等测量基点，每天观测 1 次，记录巷道围岩变形情况。同时在相应断面的拱顶、两帮位置各布置一个锚杆测力计，每天观测 1 次，监测锚杆托锚力的变化，测站 2 锚杆测力计编号为 1#～3#，测站 3 锚杆测力计编号为 4#～6#，测站 4 锚杆测力计编号为 7#～9#，位移监测线及锚杆测力计具体布置如图 2-12 所示。

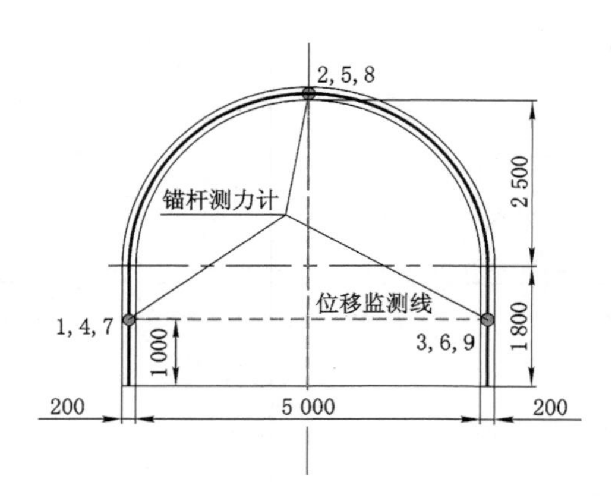

图 2-12　位移监测线及锚杆测力计布置图

2.3.3　监测结果分析

2.3.3.1　锚杆受力监测结果分析

3 个测站 9 个锚杆测力计监测结果如图 2-13 所示。锚杆测力计安装后在最初的时间内其值逐步上升，达到峰值后随着时间的增加其值降低并趋于稳定，其演化趋势可以分为两类：2#、4#、5#、6#、8# 测力计经演化后其值变为 0；1#、3#、7#、9# 测力计经演化后其值稳定在某一数值不变。据此推断，现场锚杆受力状态有两种：第一种为在现场大变形的剪切错动作用下，锚固体与围岩脱离，或锚固围岩与周围岩体脱离，导致锚杆的锚固作用丧失；第二种为围岩位移量较大，松动扩展范围较大，导致锚固岩层整体外移，造成锚杆整体失效。

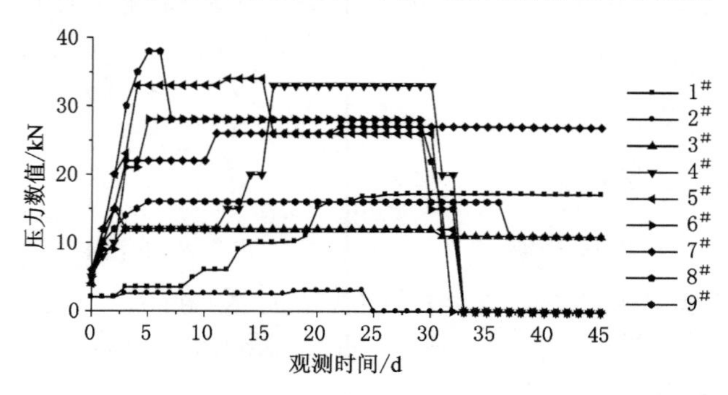

图 2-13　锚杆测力计监测曲线图

鉴于此，确定该大变形条件下锚杆的锚固作用极其有限，随着变形量的增加，锚杆逐步失效或丧失锚固作用，绝大部分围岩应力由架棚承担，即并未实现锚杆和架棚支护作用的耦合，锚杆的作用是建立在架棚作用的基础上的。在架

棚可以有效抑制围岩变形的前提下，锚杆才能发挥作用，起到加固围岩的效果，而当架棚难以抑制围岩较大变形时，锚杆加固效果大大降低甚至丧失。高强度架棚支护在有效抑制围岩大变形的条件下将实现锚杆支护和架棚支护作用的耦合，其支护效果将实现非线性增长。因此，提高架棚强度为有效控制围岩变形的关键。

2.3.3.2　巷道变形监测结果分析

分析4个测站监测结果，发现其位移演化规律相差不大，因此选取支护强度较高的测站3、4位移演化规律分析如下。

1. 顶板下沉演化规律分析

2个测站顶板下沉曲线如图2-14所示。测站3顶板下沉量较大，测站4顶板下沉量稍小。测站3初期(0～15 d)顶板平均下沉速率达到20 mm/d，15～27 d范围内顶板下沉较缓慢，下沉速率平均为3.9 mm/d，随着围岩膨胀变形能的积聚，在第28 d时超过支护结构体的强度导致顶板下沉发生突变，突变量达到118 mm，突变后顶板下沉速率降低为2 mm/d，可以看出，观测范围内顶板下沉速率逐渐降低，但顶板下沉并未出现稳定状态。测站4在0～16 d范围内顶板下沉速率较低，平均为4 mm/d，在17～31 d范围内顶板下沉量增长缓慢，下沉速率平均为2.5 mm/d，在32 d之后顶板下沉速率增加，同时在第33 d时顶板下沉发生突变，突变量达到100 mm，突变后顶板下沉速率增大到15.1 mm/d，在40 d之后顶板下沉速率降低为1.8 mm/d，可以看出，测站4观测范围内顶板下沉速率波动性较大。测站3、4观测范围内顶板下沉量分别达到496 mm和366 mm，顶板喷层开裂、脱落，顶拱出现压平扭曲，存在严重安全隐患，影响巷道正常使用。

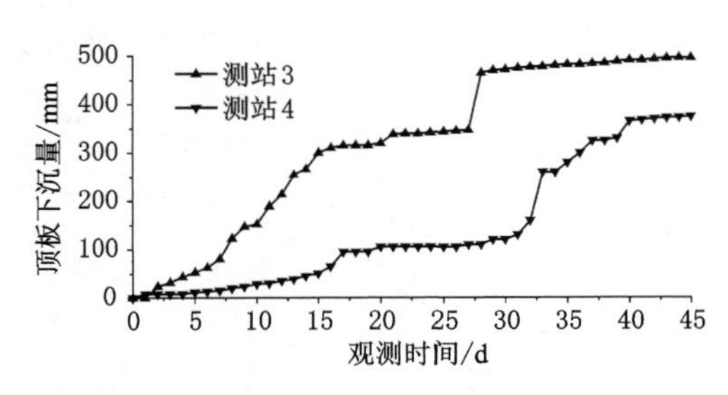

图2-14　顶板下沉曲线图

测站4中提高支护强度后虽未取得理想的支护效果，但相同观测时间顶板下沉量明显减小，尤其是在支护初期的0～32 d范围内，测站4中12#矿用工字钢对棚支护结构体对围岩变形的抑制作用明显，围岩变形量相对较小；在32 d之后围岩膨胀变形能积聚超过支护体的承载能力，导致顶板下沉发生突变，突变

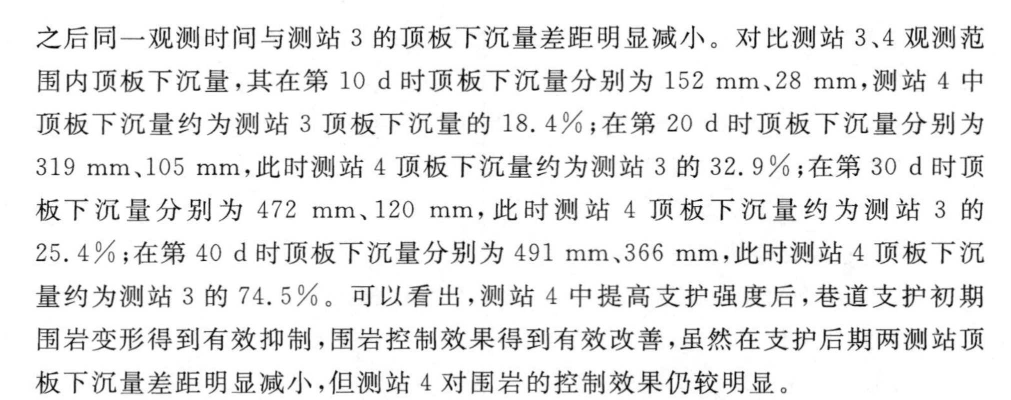

之后同一观测时间与测站 3 的顶板下沉量差距明显减小。对比测站 3、4 观测范围内顶板下沉量，其在第 10 d 时顶板下沉量分别为 152 mm、28 mm，测站 4 中顶板下沉量约为测站 3 顶板下沉量的 18.4%；在第 20 d 时顶板下沉量分别为 319 mm、105 mm，此时测站 4 顶板下沉量约为测站 3 的 32.9%；在第 30 d 时顶板下沉量分别为 472 mm、120 mm，此时测站 4 顶板下沉量约为测站 3 的 25.4%；在第 40 d 时顶板下沉量分别为 491 mm、366 mm，此时测站 4 顶板下沉量约为测站 3 的 74.5%。可以看出，测站 4 中提高支护强度后，巷道支护初期围岩变形得到有效抑制，围岩控制效果得到有效改善，虽然在支护后期两测站顶板下沉量差距明显减小，但测站 4 对围岩的控制效果仍较明显。

16# 普通工字钢抗弯截面模量 W 为 141 cm^3，12# 矿用工字钢抗弯截面模量 W 为 144.5 cm^3，虽然测站 4 中支护结构体的强度和刚度较测站 3 提高幅度不大，但其支护效果却有较大幅度的提高。由此可以看出，在测站 3 中支护结构体的基础上其强度和刚度的小幅提高即可对围岩变形控制产生较大影响，则进一步采用更高强度、更高刚度支护结构体时巷道围岩变形将得到有效改善。

2. 两帮移近演化规律分析

两测站两帮移近曲线如图 2-15 所示。两帮移近量分别经历了线性增长阶段和缓慢增长阶段。在 0～28 d 范围内，测站 3 两帮移近速率近于线性增长，增长速率平均为 18 mm/d，同时在该范围内出现 3 次两帮移近突变现象，最大突变量达到 90 mm，28 d 以后两帮移近速率降至 3 mm/d；在 0～35 d 范围内，测站 4 两帮移近速率同样近于线性增长，增长速率平均为 12 mm/d，在 35 d 以后两帮移近速率降低为 1.6 mm/d，观测范围内两帮移近量分别达到 596 mm 和 426 mm。在观测范围内两测站围岩变形速率降低但并未达到稳定状态，两帮移近量大，帮部喷层脱落，底角位置明显内挤，影响巷道正常使用。

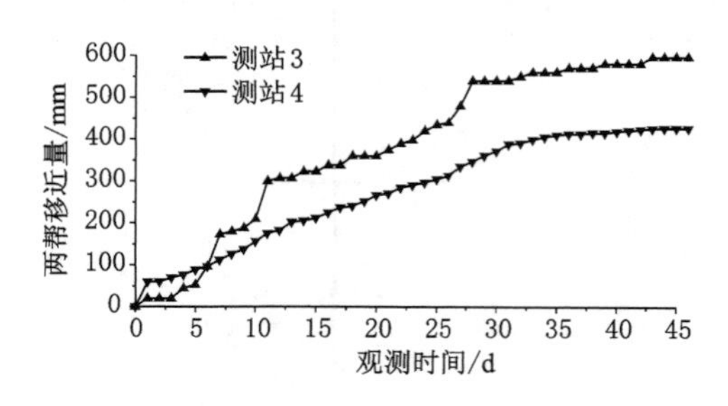

图 2-15　两帮移近曲线图

对比测站 3、4 两帮移近量，在 0～10 d 范围内两测站两帮移近量相差不大，其中在第 10 d 时两帮移近量分别为 210 mm、156 mm；在第 10 d 之后两帮移近量开始出现较大差距，在第 20 d 时两帮移近量分别为 360 mm、267 mm，此时测

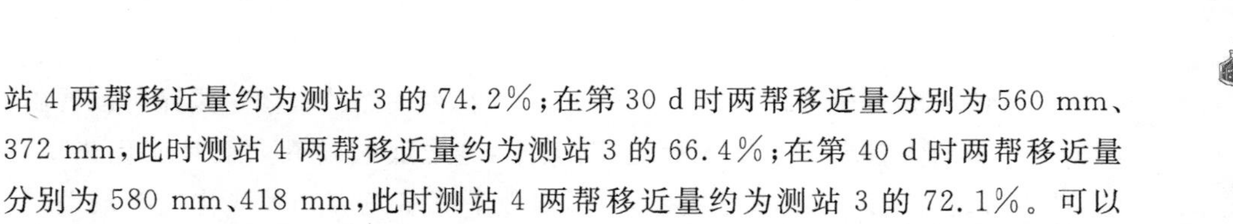

站 4 两帮移近量约为测站 3 的 74.2%；在第 30 d 时两帮移近量分别为 560 mm、372 mm，此时测站 4 两帮移近量约为测站 3 的 66.4%；在第 40 d 时两帮移近量分别为 580 mm、418 mm，此时测站 4 两帮移近量约为测站 3 的 72.1%。可以看出，支护强度提高后，虽然两帮移近量未呈现类似顶板下沉的明显支护效果，但仍体现出高强度支护结构体对围岩控制效果的优越性，进一步说明采取高强度支护结构体对控制此类巷道围岩变形的有效性。

3. 底鼓演化规律分析

两测站底鼓演化曲线如图 2-16 所示。由于未对底板进行及时封闭，两种支护形式下巷道底鼓演化规律基本一致，且其底鼓量相对差异不大，随观测时间的增加，底鼓量呈现线性增长趋势。其中，测站 4 底鼓量在第 17 d 出现突变，突变量达到 330 mm，突变前后两阶段底鼓速率近于相等，达到 31.9 mm/d，整个观测范围内底鼓量一直呈现增长趋势，观测范围内底鼓量达到 1 660 mm；测站 3 底鼓量在第 24 d 发生突变，突变量达到 300 mm，突变前底鼓速率为 38.3 mm/d，突变后其速率降为 14.9 mm/d，底鼓速率虽然降低但底鼓量仍呈现线性增长趋势，观测范围内底鼓量达到 1 658 mm。

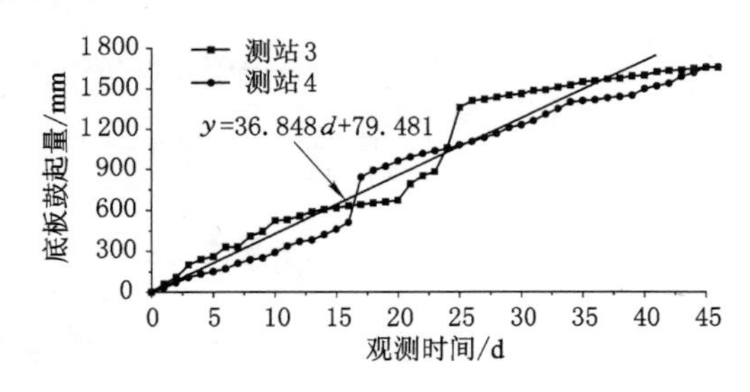

图 2-16 底鼓曲线图

在整个观测范围内，在第 10 d 时测站 3、4 底鼓量分别为 525 mm、290 mm，平均为 407.5 mm；在第 20 d 时两测站底鼓量分别为 670 mm、960 mm，平均为 815 mm，为第 10 d 巷道底鼓量的 2 倍；在第 30 d 时两测站底鼓量分别为 1 460 mm、1 230 mm，平均为 1 345 mm，约为第 10 d 巷道底鼓量的 3.3 倍；在第 40 d 时两测站底鼓量分别为 1 600 mm、1 500 m，平均为 1 550 mm，约为第 10 天巷道底鼓量的 3.8 倍。可以看出，随时间的延长底鼓量线性增长趋势明显，拟合获得巷道底鼓量 y(mm)与观测时间 x(d)之间的关系为：

$$y=36.848x+79.841$$

4. 同一断面围岩变形演化规律分析

两测站顶板、两帮、底板位移演化规律如图 2-17 和图 2-18 所示。在整个观测范围内，测站 3、4 顶板、两帮、底板位移量分别达到 496 mm、596 mm、

1 660 mm和 366 mm、426 mm、1 658 mm。对比两测站位移演化规律可以看出，围岩位移量较大且围岩运动无稳定期，其中，巷道底鼓量最大且其演化速率最快，两帮移近量次之且其演化速率较小，顶板下沉量最小且其演化速率最慢，其中两帮移近量与顶板下沉量远远小于巷道底鼓量。

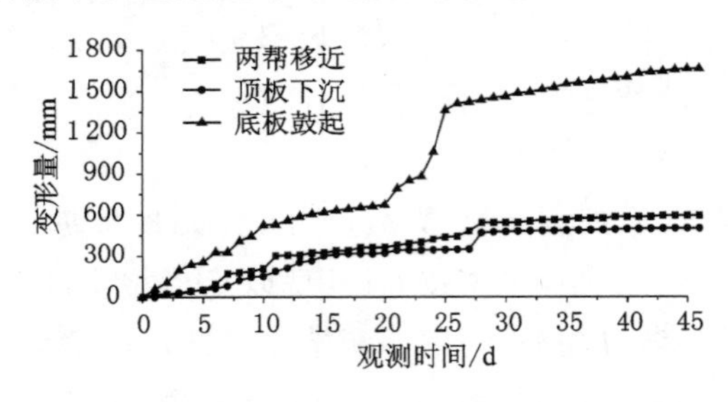

图 2-17　测站 3 巷道围岩变形演化曲线

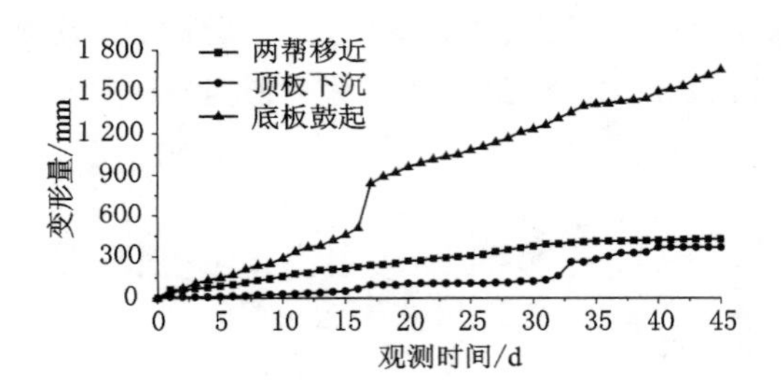

图 2-18　测站 4 巷道围岩变形演化曲线

在测站 3 中，在第 10 d 时巷道底板、两帮、顶板位移量分别为 525 mm、210 mm、152 mm，其中底鼓量为两帮移近量的 2.5 倍；在第 20 d 时三者分别为 670 mm、360 mm、319 mm，其中底鼓量约为两帮移近量的 1.86 倍；在第 30 天时三者分别为 1 460 mm、540 mm、472 mm，其中底鼓量约为两帮移近量的 2.7 倍；在第 40 d 时三者分别为 1 600 mm、580 mm、491 mm，其中底鼓量约为两帮移近量的 2.76 倍。可以看出，巷道底鼓量最大，且其演化速率最快，而两帮移近量与顶板下沉量相差不大，且其演化速率较接近。

在测站 4 中，在第 10 d 时巷道底板、两帮、顶板位移量分别为 290 mm、156 mm、28 mm，其中底鼓量约为两帮移近量的 1.86 倍；在第 20 d 时三者分别为 960 mm、267 mm、105 mm，其中底鼓量约为两帮移近量的 3.60 倍；在第 30 d 时三者分别为 1 230 mm、372 mm、120 mm，其中底鼓量约为两帮移近量的 3.31 倍；在第 40 d 时三者分别为 1 500 mm、418 mm、365 mm，其中底鼓量约为两帮移近量的 3.59 倍。该围岩位移演化规律与测站 3 相似，巷道底鼓量最大，且其演化速率最快，而高强度支护结构体对围岩的控制效果有进一步改善，顶板下沉

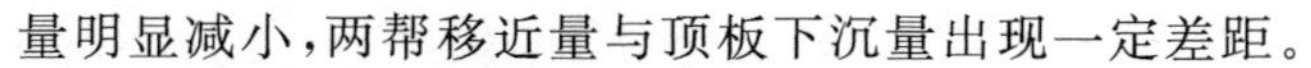

量明显减小，两帮移近量与顶板下沉量出现一定差距。

进一步分析围岩失稳过程可以看出，在测站3、4中，随着底鼓量的不断增加，两帮、顶板变形量不断增加，其中在测站3中，底鼓速率降低后的第3 d两帮、顶板位移演化速率出现拐点，在测站4中底鼓量虽发生突变，但其演化速率并未出现较大变化，相应的其两帮移近演化速率未受影响，顶板下沉速率受到轻微影响，则可以推断底鼓失稳破坏是引发两帮、顶板变形失稳的诱因，底板与两帮及顶板是一个完整系统，相互依存，底鼓量的不断增加诱发更深层岩层的变形失稳，伴随着底板岩层变形加剧两帮围岩发生明显内挤，在底板鼓起、两帮移近的基础上顶板发生下沉变形。因此，有效控制巷道底鼓对保持围岩稳定具有重要作用。

综合现场监测结果可以看出，巷道围岩变形量大且岩层运动无稳定期，巷道底板为应力释放的主要弱面，所采取支护方式难以平衡深部岩层膨胀压力是引起巷道失稳的根源。由于该类岩层无稳定期，则该类极软岩巷道支护中所采取的底板开放卸压方式不利于巷道围岩稳定性控制，因此在支护过程中应及时加固底板形成封闭支护结构。

结合岩层具体力学参数以及膨胀压力试验结果，确定查干淖尔一号井极软岩巷道失稳机制是低围岩强度、高膨胀压力、高水平地应力等多种力学机制的复合，根本原因是围岩强度较低且泥岩膨胀压力高，支护体耦合性差，导致整体支护强度较低。因此，有效控制围岩膨胀变形，在封闭支护结构体的基础上采取更高强度支护方式对围岩变形进行“硬抗”为解决该类巷道支护难题的必然选择。

2.4 本章小结

本章对该矿区主要岩层（泥岩）进行了成分测试、含水率测试以及膨胀压力试验，进行了现场地应力测试，获得该地区地应力分布规律，通过现场实测，获得围岩变形基础数据。本章获得的主要结论如下：

(1) 通过化验分析，获得该泥岩中黏土矿物成分高达60.6%，其中黏土矿物成分中蒙脱石含量达到82%，对应蒙脱石在泥岩中的含量高达49.7%，根据强膨胀性软岩分级标准，确定查干淖尔一号井顶底板泥岩为极强膨胀性软岩。

(2) 通过对泥岩试块含水率测试，获得其含水率达到23.2%～30.4%，天然状态下试块遇水丧失承载能力，在烘干状态下岩块遇水立即呈现泥化现象。

(3) 试验获得充分浸水状态下，试块的膨胀压力呈指数规律增长，增长速率逐渐减小，膨胀压力最终趋于稳定，最终获得顶底板泥岩的膨胀压力为35.7～36.7 MPa，拟合获得膨胀压力 p(MPa)与浸水时间 t(min)之间的演化关系为：

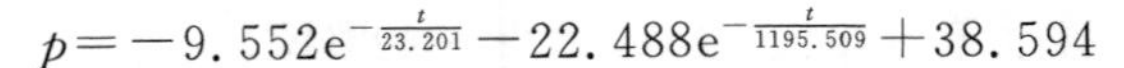

$$p=-9.552e^{-\frac{t}{23.201}}-22.488e^{-\frac{t}{1195.509}}+38.594$$

(4) 综合地应力测试结果，获得查干淖尔一号井最大主应力大小为8.41～8.66 MPa，最小主应力大小为2.54～3.25 MPa，最大主应力与水平面夹角小于20°，确定该区应力场以水平应力为主。

(5) 该地区泥岩膨胀压力远远大于最大水平主应力，膨胀压力最大值约为最大水平主应力最大值的4.238倍，证明膨胀压力为查干淖尔一号井巷道围岩破坏的主要压力来源。参考已有地应力测试结果，采用线性插值法获得该地区泥岩膨胀压力近似于埋深1 170 m地应力数值。

(6) 综合现场监测结果，结合岩层具体力学参数以及膨胀压力试验结果，得出该地区巷道围岩变形量大且岩层运动无稳定期，巷道底板为应力释放的主要弱面。确定其失稳机制是低围岩强度、高膨胀压力、高水平地应力等多种力学机制的复合，根本原因是泥岩膨胀压力高且支护体耦合性差，导致整体支护强度较低。鉴于此，确定在封闭支护结构体的基础上采取更高强度支护方式对围岩变形进行“硬抗”为解决该类巷道支护难题的必然选择。

3 查干淖尔一号井巷道围岩塑性区扩展力学分析

查干淖尔一号井井田区域内出露地层有下古生界温都尔庙群、石炭系上石炭统、二叠系上二叠统、二叠系下二叠统、侏罗系上侏罗统、白垩系下白垩统以及新近系、古近系、第四系，主要含煤地层为巴彦花组中段（K_1b^2），地质年代属早白垩世中期。白垩系地层形成于距今 1.35～0.65 亿年，相对中东部地区主要含煤地层的石炭二叠系的 3.62～2.5 亿年，地层胶结程度差，岩层粒状力学行为明显。本章主要从岩层粒状力学行为的角度分析巷道围岩弹塑性力学行为。

3.1 粒状材料静态力学行为分析

宏观塑性模型中，当材料所受外力小于临界屈服应力时，呈现弹性变形特征(可能为非线性变化)，如图 3-1(a)所示；当外应力等于或大于临界应力时，材料发生不可逆的应变，如图 3-1(b)所示。图中虚线上的加载曲线表明材料出现了硬化。

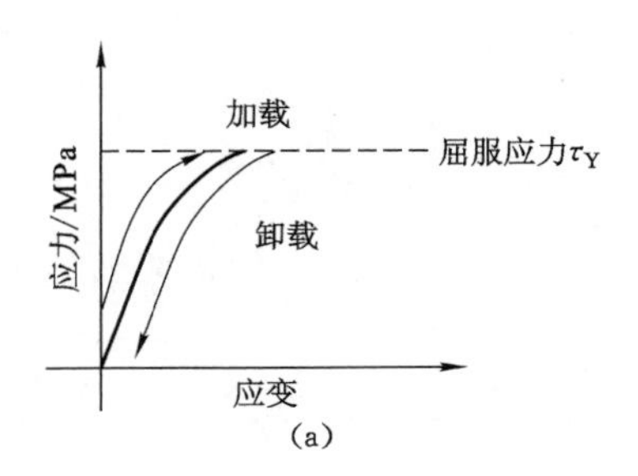

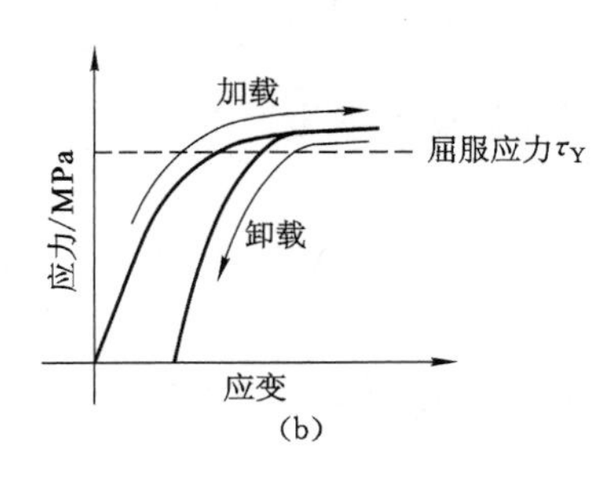

图 3-1 塑性材料的典型应力-应变关系

(a) 小于屈服应力 τ_Y；(b) 大于屈服应力 τ_Y

理想塑性理论[172]认为，材料应力始终小于等于屈服应力，对应材料两种不同的应力状态：低于屈服应力时，为弹性力学状态，如图 3-2(a)所示；达到屈服应力时，材料进入塑性并发生不可逆的流变，如图 3-2(b)所示。

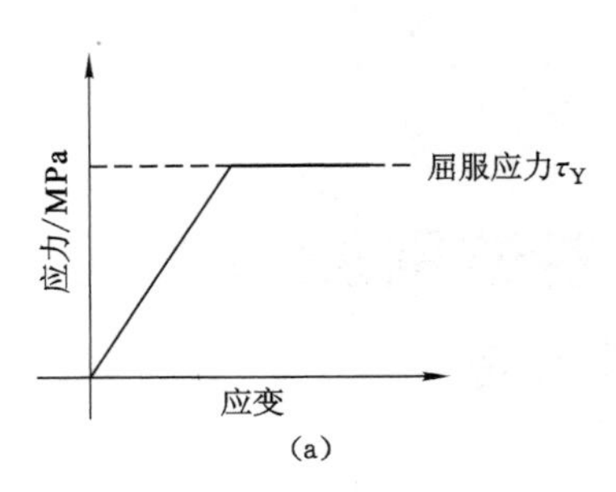

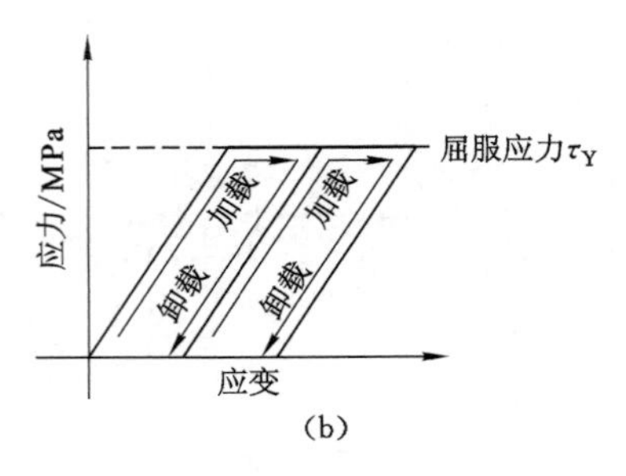

图 3-2 理想塑性材料的应力-应变关系

(a) 单一加载；(b) 周期加载-卸载

分析粒状固体力学行为，首先分析粒状固体表面的一个单一粒子，如图 3-3 所示，粒子除了自重 W 外，还受法向反力 $R(R\geqslant 0)$ 和由下面的粒子堆施加的切向摩擦力 F 的作用。

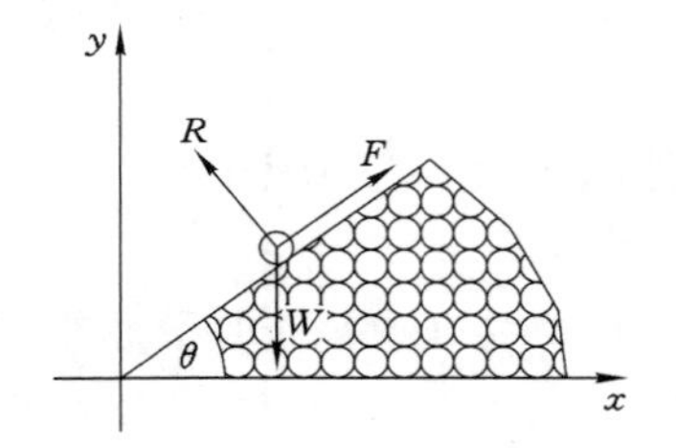

图 3-3 作用在粒状材料表面粒子力

R——法向反力；F——切向摩擦力；W——自重；θ——表面与水平面的夹角

根据库仑摩擦定律得：

$$|F| \leqslant R\tan\varphi$$

其中，$F= W\sin\theta, R=W\cos\theta, \varphi$ 为材料的内摩擦角，θ 为表面与水平面的夹角。

库仑定律表明：当 $|F|<R\tan\varphi$ 时，粒子在摩擦力的作用下保持稳定；当 $|F|=R\tan\varphi$ 时，粒子发生滑动。

从库仑定律得出，粒子堆的表面坡度由 $\tan\varphi$ 决定，当 $\theta=\varphi$ 时表面粒子发生滑移。这与粒状材料具备休止角相一致，休止角即粒状材料最大表面斜率，当材料堆积的足够高时，表面斜率均等于 $\tan\varphi$，在无外界干扰情况下表面粒子维持稳定，呈现理想塑性行为特征。

3.2 粒状材料动态力学行为分析

分析粒状材料流动的动态力学模型，首先应用库仑准则对材料进行内部颗粒化。由于三维模型较复杂，在此只进行材料内部单元二维受力分析。如图 3-4 所示，内部应力用应力张量 τ 来描述，忽略平面外应力张量 τ_{zz} 的作用，只考虑平面内应力张量 τ_{xx}、τ_{yy}、τ_{xy} 的影响，单位法线方向为 $n=(\cos\theta,\ \sin\theta)^{\mathrm{T}}$，$\theta$ 为单元法线方向与水平面的交角，则对应得到上面粒子施加在其下面粒子上的法向牵引力 N 为[173]：

$$N=(\cos\theta,\sin\theta)\begin{pmatrix}\tau_{xx} & \tau_{xy}\\ \tau_{xy} & \tau_{yy}\end{pmatrix}\begin{pmatrix}\cos\theta\\ \sin\theta\end{pmatrix}=\frac{1}{2}(\tau_{xx}+\tau_{yy})+\frac{1}{2}(\tau_{xx}-\tau_{yy})\cos(2\theta)+\tau_{xy}\sin(2\theta) \tag{3-1}$$

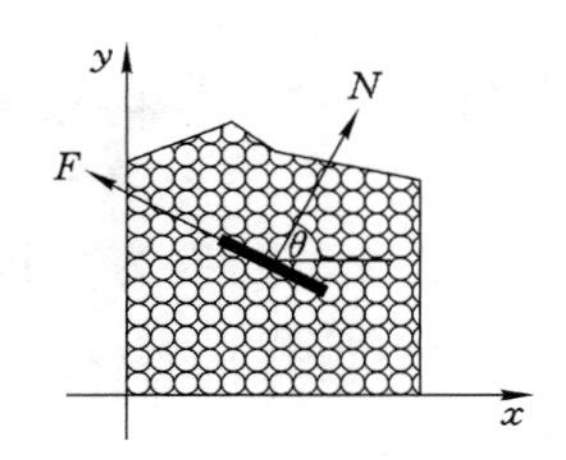

图 3-4 粒状材料内部单元受力分析

N——二维法向反力；F——摩擦力

根据现场条件，从利于维护、提高围岩强度的角度考虑，我们希望粒子之间可以彼此施加一个压力，即 N 在任意 θ 下必须是非正的，则对应获得所有主应力分量(例如 τ 的特征值)均须非正。

类似的，单元的切向(摩擦)剪应力 F 可以由式(3-2)获得：

$$F=(-\sin\theta,\cos\theta)\begin{pmatrix}\tau_{xx} & \tau_{xy}\\ \tau_{xy} & \tau_{yy}\end{pmatrix}\begin{pmatrix}\cos\theta\\ \sin\theta\end{pmatrix}=\frac{1}{2}(\tau_{yy}-\tau_{xx})\sin(2\theta)+\tau_{xy}\cos(2\theta) \tag{3-2}$$

库仑准则表明：任意 θ 下，$|F|$ 由 $N\tan\varphi$ 决定；只有在某些 θ 值使 $|F|=N\tan\varphi$ 时，粒子才能发生流动，则粒子在流动状态下，确定了一个滑移面。

由式(3-1)和式(3-2)得，随着 θ 的变化，牵引力 F 取决于(N,F)平面中的摩尔圆，对应获得(N,F)平面中的摩尔圆为：

$$F^2+\left[N-\frac{1}{2}(\tau_{xx}+\tau_{yy})\right]^2=\frac{(\tau_{xx}-\tau_{yy})^2}{4}+\tau_{xy}^2 \tag{3-3}$$

其中，不同 θ 值对应摩尔圆不同点。

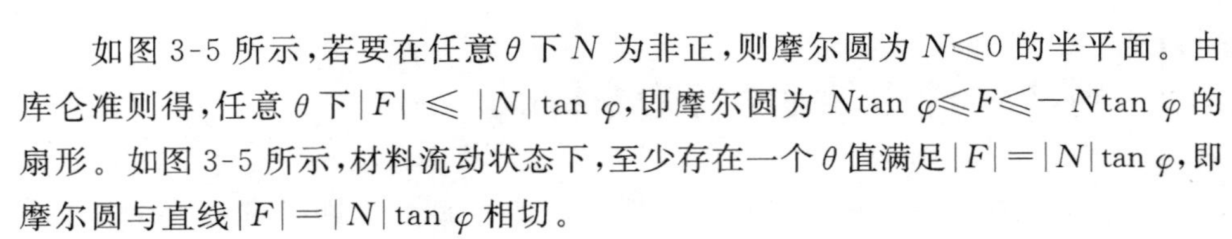
如图 3-5 所示，若要在任意 θ 下 N 为非正，则摩尔圆为 $N\leqslant 0$ 的半平面。由库仑准则得，任意 θ 下 $|F|\leqslant |N|\tan\varphi$，即摩尔圆为 $N\tan\varphi\leqslant F\leqslant -N\tan\varphi$ 的扇形。如图 3-5 所示，材料流动状态下，至少存在一个 θ 值满足 $|F|=|N|\tan\varphi$，即摩尔圆与直线 $|F|=|N|\tan\varphi$ 相切。

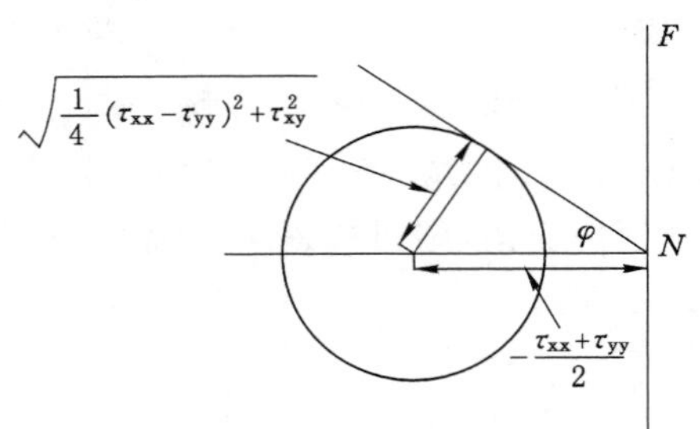

图 3-5 （N，F）平面中的摩尔圆（斜线为 $|F|=|N|\tan\varphi$）

根据基本三角关系，粒状材料应力分量满足式(3-4)：

$$2\left(\tau_{xx}\tau_{yy}-\tau_{xy}^{2}\right)^{1/2}\leqslant -(\tau_{xx}+\tau_{yy})\cos\varphi \tag{3-4}$$

当材料发生流动时，等号成立，式(3-4)即为粒状材料库仑屈服准则。可以看出，式(3-4)是两个应力不变量 $\mathrm{Tr}(\tau)$ 和 $\det(\tau)$ 之间的关系，这表明材料屈服条件不依赖于坐标系的选择。

3.3 粒状岩体中巷道围岩塑性区的确定

建立巷道模型进行分析，选取粒状岩石中半径为 a 的圆形巷道，在无穷远处承受各向同性压力 p_∞，$r=a$ 处施加正压力 p 来模拟巷道支护强度，具体模型如图 3-6 所示。我们采用轴对称方式进行分析，则模型中位移是纯径向的，即 $u=u_r(r)e_r$，平面内非 0 应力分量为 $\tau_{rr}(r)$、$\tau_{\theta\theta}(r)$。

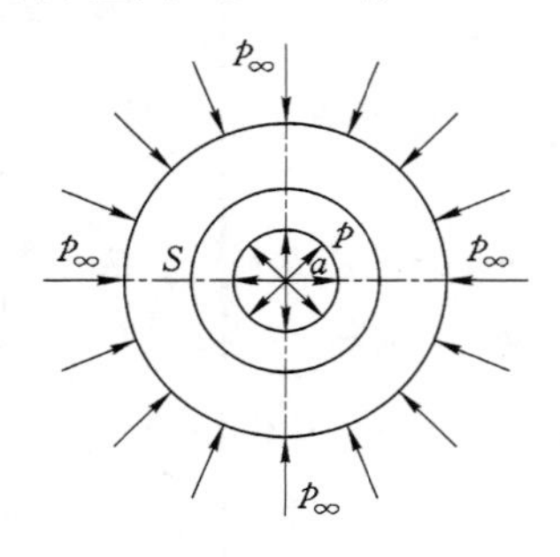

图 3-6 巷道力学模型

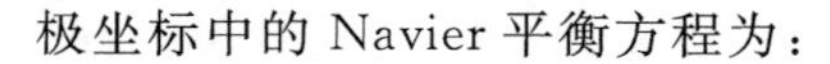

极坐标中的 Navier 平衡方程为：

$$\frac{d\tau_{rr}}{dr}+\frac{\tau_{rr}-\tau_{\theta\theta}}{r}=0 \tag{3-5}$$

巷道内壁和远场中的边界条件为：

当 $r=a$ 时：

$$\tau_{rr}=-p \tag{3-6}$$

当 $r\to\infty$ 时：

$$\tau_{rr}=-p_{\infty},\tau_{\theta\theta}=-p_{\infty} \tag{3-7}$$

旋转坐标轴，式(3-4)改写为：

$$2\,(\tau_{rr}\tau_{\theta\theta})^{1/2}\leqslant-\cos\varphi(\tau_{rr}+\tau_{\theta\theta}) \tag{3-8}$$

设围岩发生屈服的条件为：

$$k\tau_{rr}=\tau_{\theta\theta} \tag{3-9}$$

式中，k 为三轴应力因子，满足：

$$2k^{1/2}=(1+k)\cos\varphi \tag{3-10}$$

岩层为弹性时，岩层线性本构关系为：

$$\tau_{rr}=(\lambda+2\mu)\frac{du_r}{dr}+\lambda\frac{u_r}{r},\tau_{\theta\theta}=\lambda\frac{du_r}{dr}+(\lambda+2\mu)\frac{u_r}{r} \tag{3-11}$$

式中，λ 为拉梅常数；μ 为剪切模量；u_r 为径向位移。

联立式(3-5)、式(3-11)，结合式(3-6)、式(3-7)，解得：

$$u_r=-\frac{p_{\infty}r}{2(\lambda+\mu)}+\frac{(p-p_{\infty})a^2}{2\mu r} \tag{3-12}$$

获得对应的应力分量为：

$$\tau_{rr}=-p_{\infty}+(p_{\infty}-p)\frac{a^2}{r^2},\tau_{\theta\theta}=-p_{\infty}-(p_{\infty}-p)\frac{a^2}{r^2} \tag{3-13}$$

在巷道内壁 $r=a$ 处，得：

$$\frac{\tau_{\theta\theta}}{\tau_{rr}}=\frac{2p_{\infty}}{p}-1 \tag{3-14}$$

随着压力 p 逐渐降低至 p_{∞} 以下，结合式(3-9)，确定最先发生屈服的条件为：

$$p=\frac{2p_{\infty}}{1+k} \tag{3-15}$$

同时在屈服条件下，在 $r=a$ 处，由式(3-13)得：

$$\tau_{\theta\theta}-\tau_{rr}=2(p-p_{\infty})\leqslant0$$

因所有主应力分量均需非正，则 $|\tau_{rr}|=-\tau_{rr}<|\tau_{\theta\theta}|=-\tau_{\theta\theta}$，结合式(3-9)，对应获得：

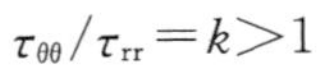

$$\tau_{\theta\theta}/\tau_{rr}=k>1$$

则式(3-10)的根为：

$$k=\frac{1+\sin\varphi}{1-\sin\varphi} \tag{3-16}$$

k 与 φ 的关系如图 3-7 所示，可以看出，k 是关于 φ 的增函数，随着 $\varphi\to\pi/2$，$k\to\infty$。

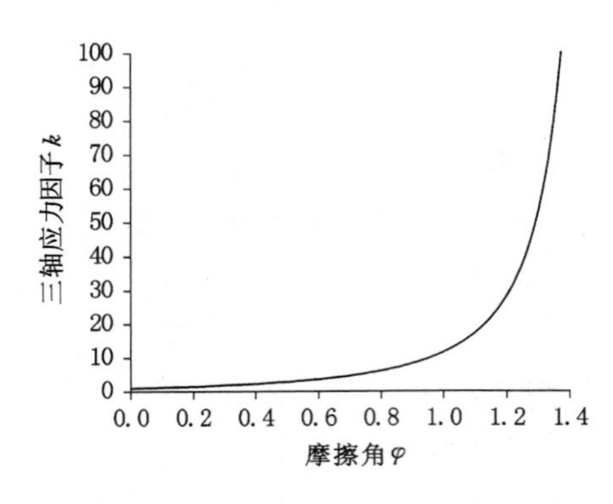

图 3-7　三轴应力因子 k 与摩擦角 φ 的关系

结合式(3-15)可以看出，随着内摩擦角的增大，支撑压力的小幅增长即可防止围岩发生屈服：φ 越接近 $\pi/2$，围岩的强度越高，所需的支护强度越小。

当 p 下降到式(3-15)限定值时，设自由边界 $r=s$ 为弹性区域($r>s$)与理想塑性区域($a<r<s$)的分界线，则在 $r=s$ 处满足 $k\tau_{rr}=\tau_{\theta\theta}$。为了获得 $r>s$ 区域的弹性解，在式(3-13)中，用 $2p_\infty/(1+k)$ 代替 p，s 代替 a，得：

$$\tau_{rr}=-p_\infty+p_\infty\left(\frac{k-1}{k+1}\right)\frac{s^2}{r^2},\tau_{\theta\theta}=-p_\infty-p_\infty\left(\frac{k-1}{k+1}\right)\frac{s^2}{r^2} \tag{3-17}$$

同时，在 $r<s$ 的塑性区域内，将屈服条件式(3-9)代入准静态平衡方程(3-5)，得：

$$\frac{\mathrm{d}\tau_{rr}}{\mathrm{d}r}+\frac{1-k}{r}\tau_{rr}=0 \tag{3-18}$$

结合边界条件式(3-6)得：

$$\tau_{rr}=-p\left(\frac{r}{a}\right)^{k-1} \tag{3-19}$$

最终，联立式(3-17)和式(3-19)，获得塑性区半径 s 为：

$$s=a\left[\frac{2p_\infty}{(k+1)p}\right]^{1/(k-1)} \tag{3-20}$$

根据现场回风大巷具体参数，确定 $a=2.5$ m，现场围岩以泥岩为主，根据岩层力学参数，确定岩层初始参数 $\varphi=27°$，则 $k=2.663$，获得 s 与 p_∞/p、s 与 p/p_∞

的关系如图 3-8 和图 3-9 所示。

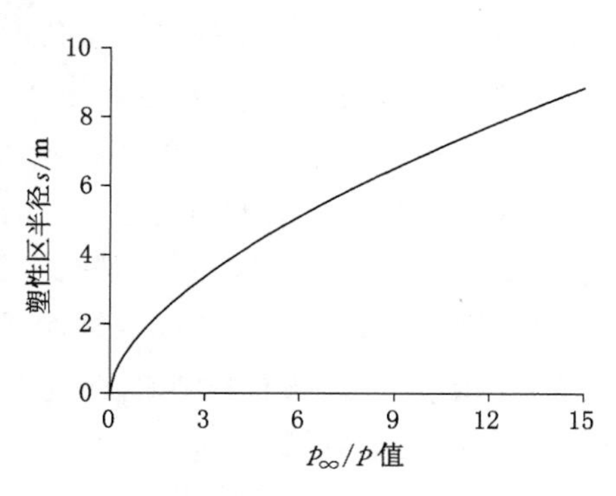

图 3-8　塑性区半径 s 与 p_∞/p 的关系

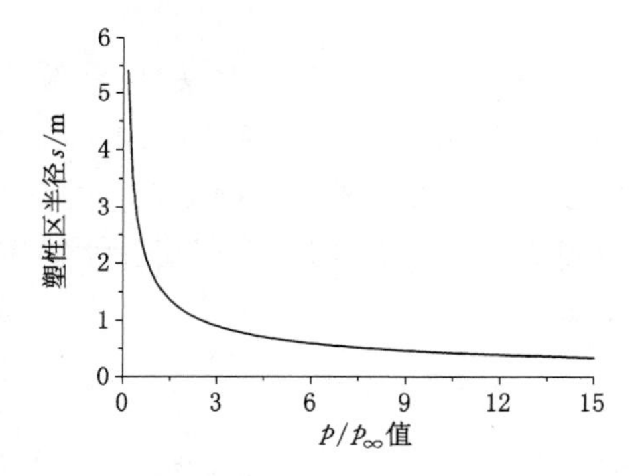

图 3-9　塑性区半径 s 与 p/p_∞ 的关系

由图 3-8 和图 3-9 可以看出，s 随 p_∞/p 的增加而增加，但增加速度逐渐降低；s 随 p/p_∞ 的增加而逐渐降低，降低速度逐渐减小。在 $p/p_\infty \leqslant 3$ 时，随着 p/p_∞ 的降低塑性区半径降低幅度较大，且在 $p/p_\infty = 3$ 时塑性区半径小于 1 m；而在 $p/p_\infty > 3$ 时，随着 p/p_∞ 的增加塑性区半径降低幅度明显减小，同时在该范围内提高 p/p_∞ 的值亦需采取更高强度的支护方式，可能会对现场施工带来一定影响，同时造成生产成本的大幅提升。可以看出，绝对限制大松动圈非线性变形不易实现，也不经济，因此在现场生产中，允许围岩有一定变形以释放能量，减小围岩对支护体的压力，又能有效控制其过大变形，保持巷道的使用空间和稳定性，即在维持巷道稳定的前提下允许围岩塑性区的存在在现场生产中较为经济、合理。

结合第 2 章的研究结果，获得膨胀压力为该地区围岩变形失稳的主要压力来源，试验获得该地区泥岩膨胀压力达到 35.7～36.7 MPa，即 $p_\infty = 35.7 \sim 36.7$ MPa，在该条件下将围岩塑性区控制在 1 m 范围内所需要的支护阻力 p 将

达到 107.1～110.1 MPa，此时需要极高强度的支护结构体才能满足此要求。在围岩塑性区逐渐扩大时，将为深部泥岩的膨胀变形提供条件，深部泥岩的膨胀压力将源源不断地施加于支护结构体，此时 p_{∞} 要远远大于 36.7 MPa，则所需的支护强度将远远大于 110.1 MPa，极高膨胀压力连绵不断施加于支护结构体为该地区软岩巷道失稳的关键。因此，在巷道支护初期即采取高强度、高刚度支护结构体对围岩进行“硬抗”，抑制围岩塑性区的扩展，切断深部岩层的膨胀变形条件，将支护范围限制在围岩掘进时应力重分布造成的塑性区范围，为有效控制围岩变形的根本出发点。结合围岩变形现场监测结果，确定“全封闭、高强度、高刚度、硬抗压”为该地区围岩控制的基本对策。

3.4 本章小结

本章结合查干淖尔一号井白垩系地层胶结程度差、粒状力学行为明显的特点，对巷道围岩塑性区扩展范围进行了力学分析，获得主要结论如下：

(1) 在粒状材料静态力学行为分析的基础上得出粒状材料库仑屈服准则，根据现场情况建立了巷道支护力学模型，推导得出查干淖尔一号井弱胶结地质条件下围岩塑性区扩展公式为：

$$s=a\left[\frac{2p_{\infty}}{(k+1)p}\right]^{1/(k-1)}$$

(2) 结合现场具体参数，获得塑性区半径 s 随 p_{∞}/p 的增加而增加，但增加速度逐渐降低，随 p/p_{∞} 的增加而逐渐降低；同时获得在 $p/p_{\infty}\leqslant 3$ 时，随着 p/p_{∞} 的降低塑性区半径降低幅度较大，而在 $p/p_{\infty}>3$ 时，随着 p/p_{∞} 的增加塑性区半径降低幅度明显减小。

(3) 提出在巷道支护初期采取高强度、高刚度支护结构体对围岩变形进行“硬抗”，抑制围岩塑性区的扩展，切断深部岩层的膨胀变形条件，将支护范围限制在围岩掘进时应力重分布造成的围岩塑性区范围为有效控制围岩变形的根本出发点，确定出“全封闭、高强度、高刚度、硬抗压”的支护对策。

4 查干淖尔一号井软岩巷道封闭支护相似模拟试验研究

本章结合泥岩成分测试、含水率测试、膨胀压力试验，以及地应力测试基础数据，在查干淖尔一号井巷道围岩塑性区扩展规律解析的基础上，借助相似模拟试验，对不同支护方式下软岩巷道失稳过程进行模拟分析，模拟分析围岩应力、位移演化规律，以及不同支护方式下巷道围岩破坏形式，为有效支护方式的选取提供依据。

4.1 试验目的及意义

在第2章中，通过分析指出采用封闭支护结构体对围岩变形进行“硬抗”为解决该类巷道支护难题的必然选择，同时指出，在该大变形条件下锚杆的锚固作用极其有限，随着变形量的增加，现场锚杆并未发挥全部作用。为获得封闭支护结构体对围岩的控制效果，通过相似模拟试验的方法对其进行模拟分析，模拟分析封闭支护结构体下围岩破坏过程，以及围岩应力、位移演化规律，对比分析在封闭支护结构体的基础上增加锚杆是否能够起到加固围岩的效果，为现场生产中锚杆支护的选取与否提供理论依据。

4.2 试验方案的确定

鉴于U36型钢在巷道支护中的普遍性，本章选取U36型钢进行封闭支护结构体的相似模拟试验，根据试验目的，确定具体试验方案如下：

模型一：封闭U36型钢支架支护状态下围岩失稳相似模拟试验；

模型二：封闭U36型钢支架＋周边（顶拱＋两帮）锚杆支护状态下围岩失稳相似模拟试验；

模型三：封闭U36型钢支架＋周边（顶拱＋两帮）锚杆＋底板锚杆支护状态下围岩失稳相似模拟试验。

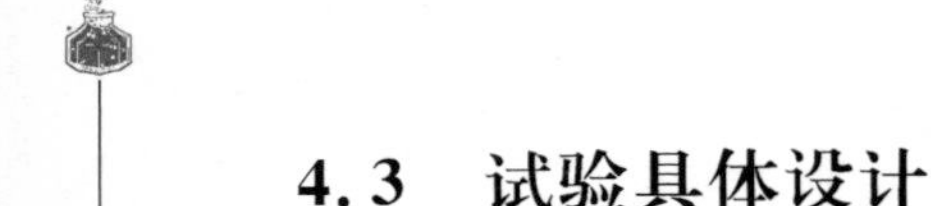

4.3 试验具体设计

4.3.1 模拟相似比的确定

根据相似三定理[174]，确定原型 p 和模型 m 之间的相似比如下。

1. 几何相似比 C_l

$$C_l = \frac{l_p}{l_m} \tag{4-1}$$

式中 l_p——原型几何尺寸；

l_m——模型几何尺寸。

2. 容重相似比 C_γ

$$C_\gamma = \frac{\gamma_p}{\gamma_m} \tag{4-2}$$

式中 γ_p——原型材料容重；

γ_m——模型材料容重。

3. 应力相似比 C_σ

$$C_\sigma = C_\gamma C_l \tag{4-3}$$

该试验在中国矿业大学(北京)深部岩土力学与地下开采国家重点实验室进行，实验室模型架外形尺寸为 160 cm×160 cm×40 cm。结合现场巷道具体尺寸，确定预模拟原型巷道断面及支护方式如图 4-1 所示(具体支护方式后续介绍)，巷道净断面中宽×高为 5 000 mm×4 300 mm，考虑采动应力影响范围，借鉴以往相似模拟试验模型设计[175-181]，确定几何相似比为 $C_l \approx 16$。地下岩层平均容重为2 t/m^3，模型相似材料平均容重为 1.7 t/m^3，对应获得容重相似比$C_\gamma \approx$ 1.176，结合式(4-3)，获得应力相似比为 $C_\sigma \approx 18.82$。

按此几何相似比，确定模型巷道静尺寸为 31.3 cm×26.9 cm，考虑 U36 型钢支架厚度以及锚杆安装等影响因素，模型断面进行 0.5 cm 的超挖，确定巷道开挖尺寸为 31.8 cm×27.4 cm。

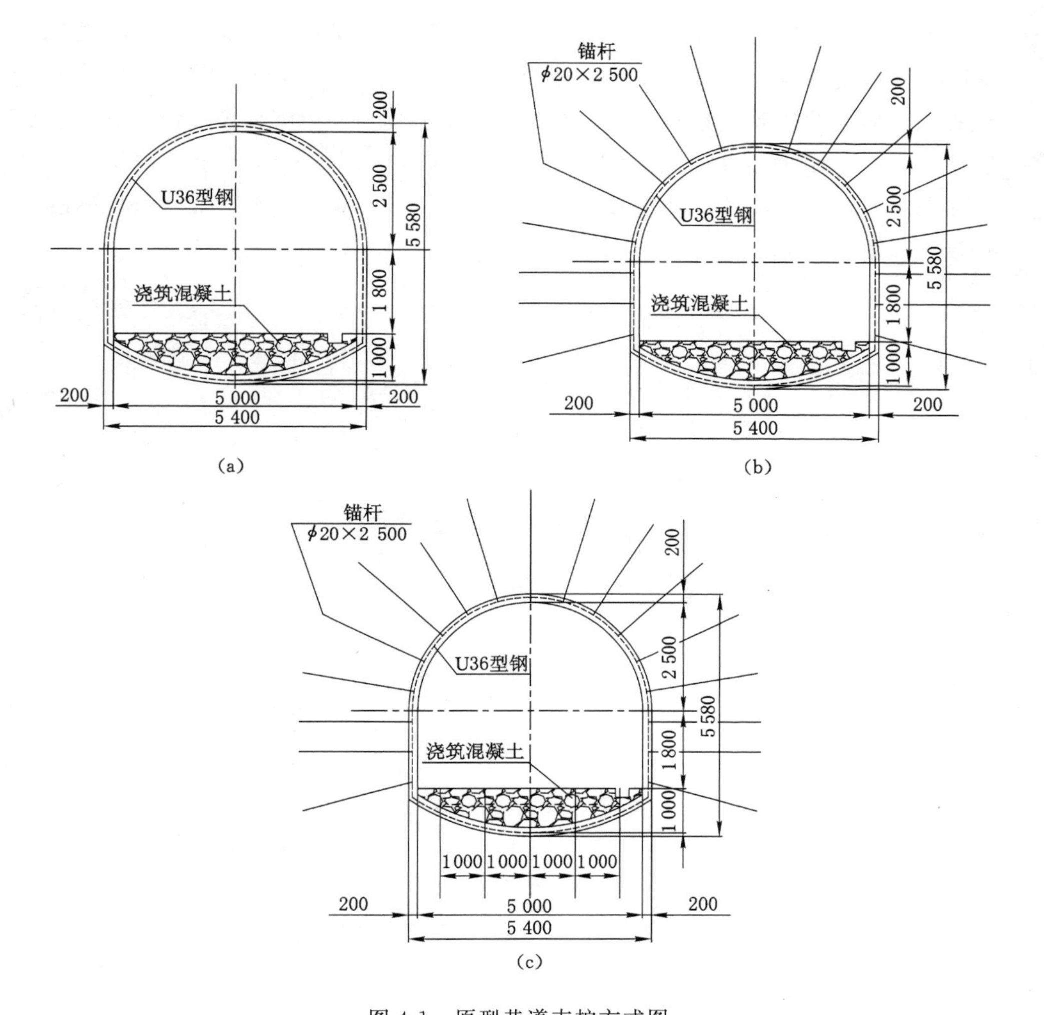

图 4-1 原型巷道支护方式图

(a) 封闭 U36 型钢支护；(b) 封闭 U36 型钢＋周边锚网喷支护；
(c) 封闭 U36 型钢＋周边锚网喷＋底板锚杆支护

4.3.2 相似材料及具体参数的确定

4.3.2.1 岩层相似材料及具体参数的确定

为有效模拟现场地层层理、节理、裂隙等地质构造，选取不同配比的石膏单元板作为岩层相似材料进行模拟试验。根据几何相似比，结合风井位置煤层柱状图，当巷道处于模型中间位置时，模型范围内主要为煤层、泥岩两层岩层。根据现场煤岩层的具体力学参数，确定泥岩、煤层的相似材料质量配比（水：石膏）分别为 1：1 和 1：1.2。

根据模型具体尺寸，确定石膏单元板长×宽为 40 cm×40 cm，考虑不同深度围岩受采动影响程度不同，采用不同厚度的石膏板加以区分。借鉴以往模拟试验[134]，确定巷道高度范围内石膏单元板具体尺寸为 40 cm×40 cm×1 cm，巷道上下0.22 m范围石膏单元板具体尺寸为 40 cm×40 cm×2 cm，底部煤层以及顶部泥岩石膏单元板具体尺寸为 40 cm×40 cm×3 cm，模型铺砌结构和具体铺砌效果如图 4-2 和图 4-3 所示。

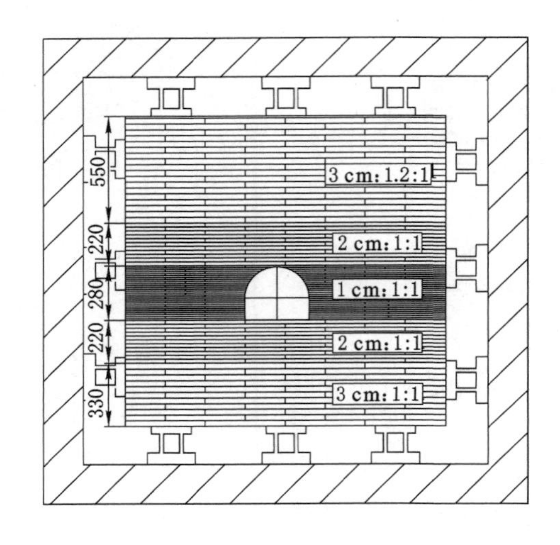

图 4-2　模型铺砌结构图

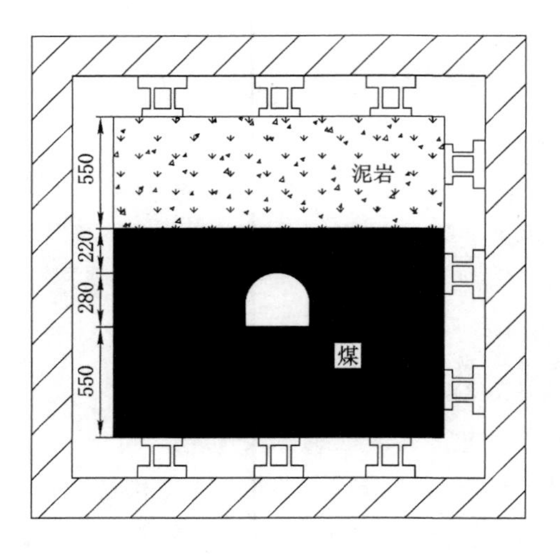

图 4-3　模型铺砌效果图

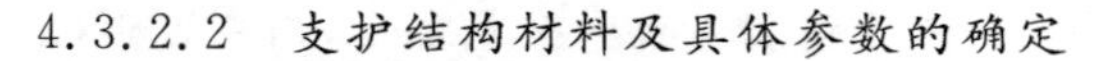

4.3.2.2 支护结构材料及具体参数的确定

为保证模拟结果的有效性，模拟原型巷道支护参数与现场一致，锚杆型号为 ϕ20 mm×2 500 mm，周边锚杆间排距为 700 mm×700 mm，U36 型钢棚距为 700 mm，菱形金属网采用 10# 铁丝编织而成，网孔规格为 100 mm×100 mm，网片规格为 5.6 m×1.0 m。由于现场未施加底板锚杆，考虑底板锚杆施工较困难，同时为保证巷道的正常使用要求，确定底板锚杆间排距为 1 000 mm×700 mm。在原有 U36 型钢支架的基础上增加 1 m 反底拱形成封闭支护体系，在底拱范围内浇筑混凝土对底板进行加固。

1. U36 型钢支架相似材料及具体参数的确定

对比不同材料刚度，选取宽 1 cm、厚 2 mm 的钢片作为 U36 型钢支架的相似材料，结合几何相似比，确定支架排距为 44 mm，对应获得模型巷道中共需支架 9 架。在距底板 3 cm 的支架帮部位置施加横梁进行连接，模拟现场水平横梁的加固作用。试验中为保持底板模型的完整性，未进行支架反底拱的模拟，而是将反底拱简化为底板横梁的形式进行模拟。支架具体结构形式如图 4-4 所示。

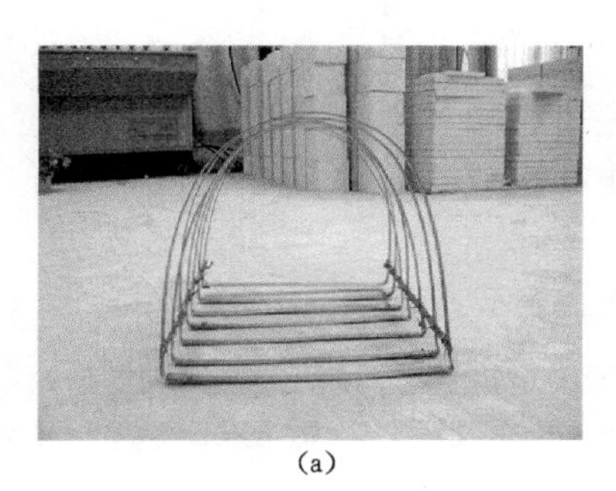

(a)

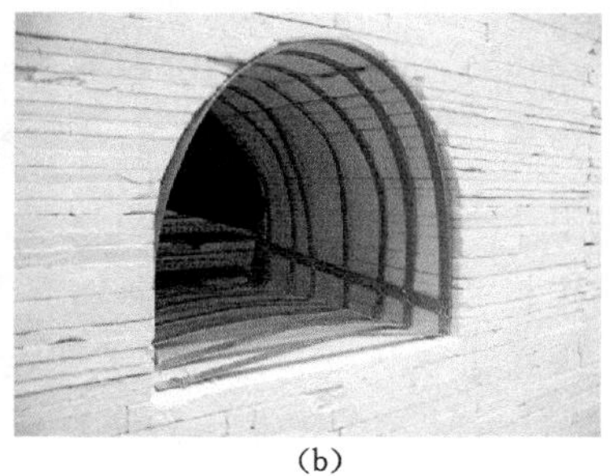

(b)

图 4-4　U 型钢支架模型图

2. 锚杆相似材料及具体参数的确定

为近似模拟锚杆特性，设计模型锚杆由锚杆杆体、锚固螺丝、托盘三部分组成。锚杆杆体由螺杆、铁丝组成，螺杆直径为 4 mm、长为 4 cm，在螺杆末端加工小孔，与后端直径 2 mm 的铁丝连接，作为锚杆杆体的模型材料，采用与螺杆配套的螺母作为模型中的锚固螺丝材料，采用尺寸为 1 cm×1 cm×1 mm 的刚垫片作为托盘，采用环氧树脂 AB 胶作为模型锚固剂，采用小的铁丝网作为菱形金属网。

结合几何相似比，确定模型周边锚杆间排距为 44 mm×44 mm，底板锚杆间排距为 62.5 mm×44 mm，模型中共布置 9 排锚杆，对应拱部、两侧帮部及底板位置每排各布置 11 根、3 根、5 根锚杆，模型二中共需锚杆 126 根，模型三中共需锚杆 171 根。锚杆采用预埋的方式施加，锚杆施加过程中拧紧螺母，为围岩施加一定的预紧力。锚杆具体形式及安装成型的锚杆样式如图 4-5 所示。

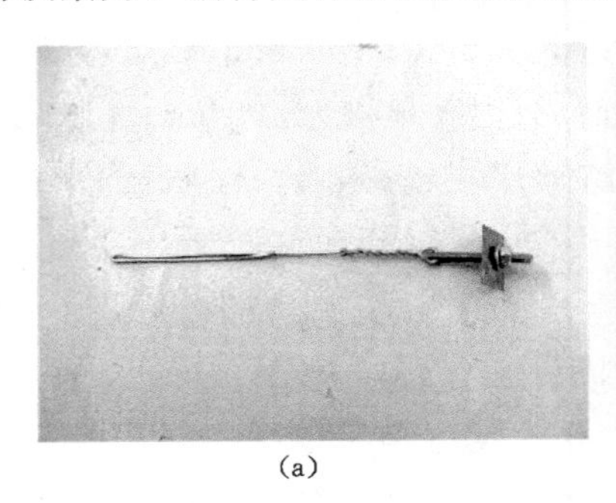

(a)

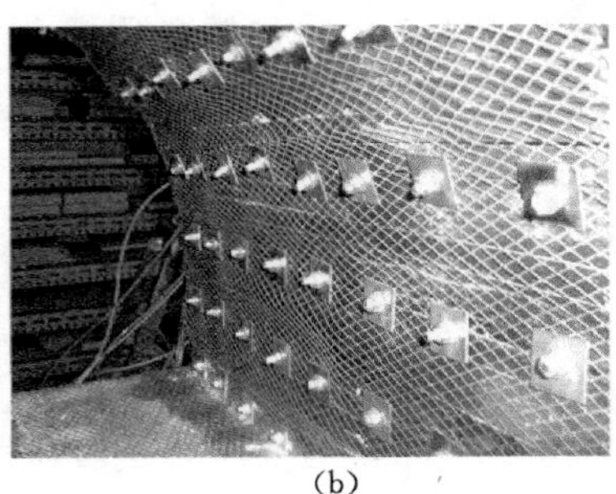

(b)

图 4-5　锚杆模型图

4.3.3　监测仪器及测点布置

1. 监测仪器

根据试验目的，确定所需的监测设备有以下几种。

(1) 压力传感器：监测围岩应力演化规律；

(2) 应变片：监测围岩应变演化规律，与压力传感器所测数据对比确定监测点的应力状态；

(3) 位移计：监测围岩位移演化规律；

(4) 摄像机：记录围岩变形、破坏过程；

(5) DH3818 型数据采集系统：进行数据采集工作，数据采集箱及具体采集系统如图 4-6 所示。

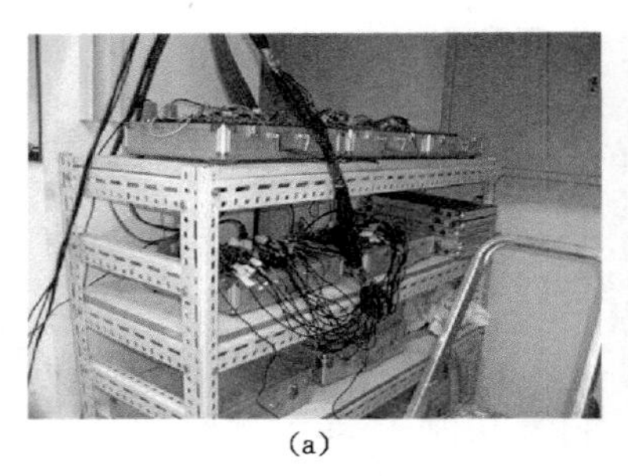

(a)

(b)

图 4-6　数据采集系统

2. 位移测点布置

模型中共布置了 10 个位移测点，分别位于巷道顶板、底板、两帮位置。其中，巷道底板岩层布置 2 个位移计，分别位于底板和底板下方 100 mm 位置；左

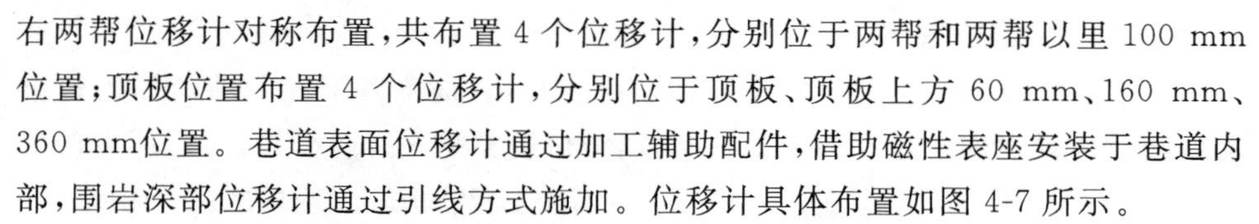
右两帮位移计对称布置，共布置 4 个位移计，分别位于两帮和两帮以里 100 mm 位置；顶板位置布置 4 个位移计，分别位于顶板、顶板上方 60 mm、160 mm、360 mm位置。巷道表面位移计通过加工辅助配件，借助磁性表座安装于巷道内部，围岩深部位移计通过引线方式施加。位移计具体布置如图 4-7 所示。

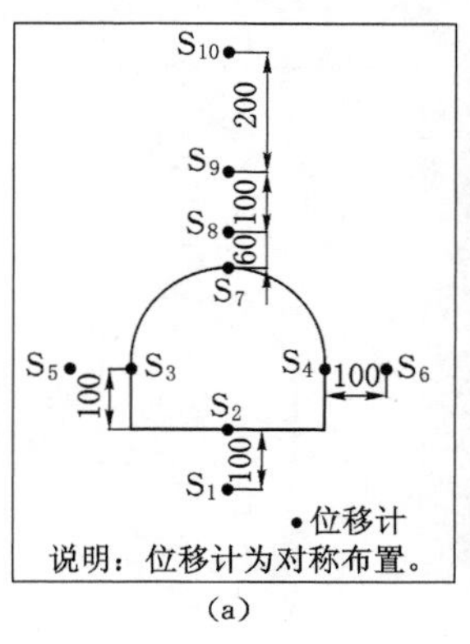

(a)

(b)

图 4-7　位移计布置图

3. 应力测点布置

模型中采用预埋压力传感器的方式进行围岩应力监测，传感器型号为 BX-1 型土压力传感器。模型中共布置了 12 个传感器，分别位于巷道的顶板、底板以及两帮以里的 60 mm、160 mm、360 mm 位置。顶底板位置传感器平放，主要监测指向巷道内部的垂直应力演化规律，两帮位置压力传感器立放，主要监测指向巷道内部的水平应力演化规律。传感器具体形式及具体布置如图 4-8 所示。

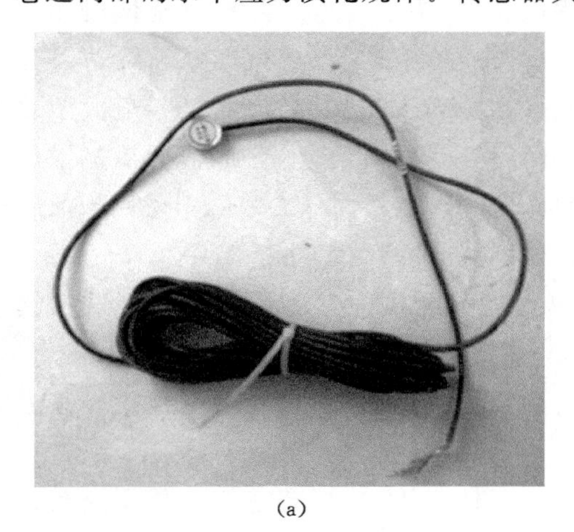

(a)

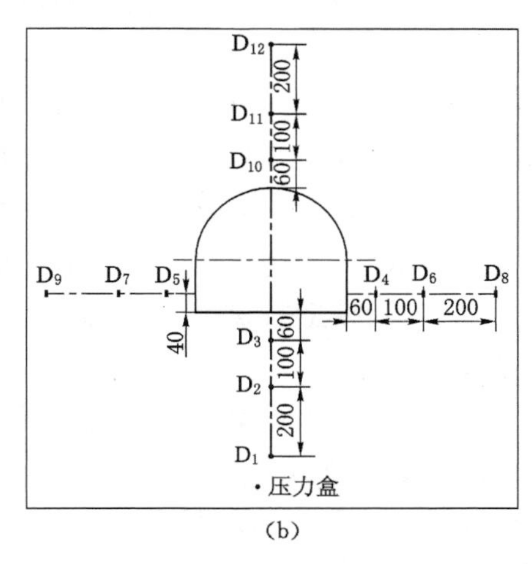

(b)

图 4-8　压力传感器布置图

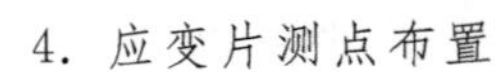

4. 应变片测点布置

在安装压力传感器的对应位置粘贴应变片，将应变片所测数值与压力传感器所测数值对比确定测点的应力状态，同一位置粘贴 2 片应变片，对应压力传感器，模型中共粘贴 24 片应变片。应变片粘贴形式及具体布置如图 4-9 所示。

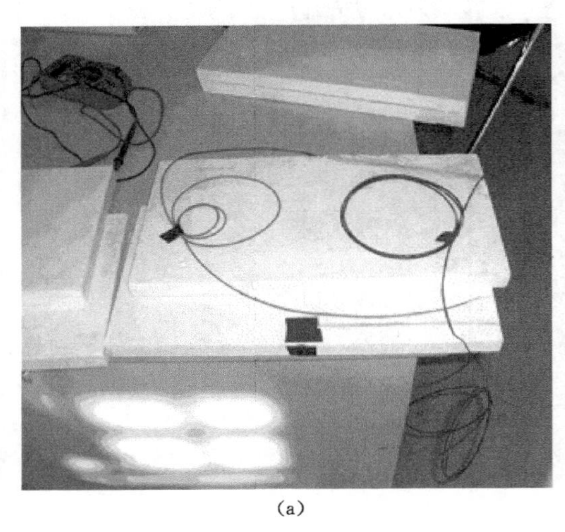

(a)

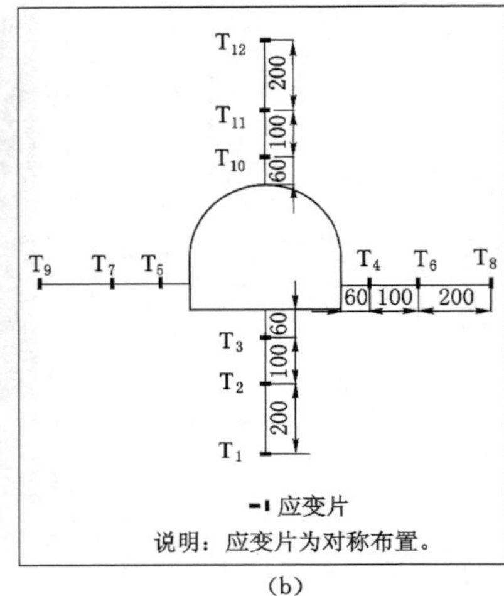

(b)

图 4-9　应变片布置图

4.3.4　模型铺砌过程概述

模型采用石膏单元板随机错缝式逐层叠放，为了有效消除模型整体运动时边界效应的影响，在石膏板与模型架四周接触位置采用两层聚四氟乙烯薄膜分离处置。考虑巷道后续开挖将对模型整体造成较大范围的扰动，且巷道成型效果差，因此采用预留巷道的方式进行模型铺砌。考虑巷道开挖后挂网、施加锚杆较困难，无法精确定位以及正常施加，因此，挂网、施加锚杆工序同样采用预加的方式进行模拟。根据支护方式不同，获得对应各模型砌筑过程如下。

模型一：模型铺砌（预留巷道）→填充巷道→预压→巷道开挖→安装 U 型钢支架→加载试验。

模型二：模型铺砌（预留巷道＋挂网＋锚杆支护）→填充巷道→预压→巷道开挖→安装 U 型钢支架→加载试验。

模型三：模型铺砌（预留巷道＋挂网＋锚杆支护）→填充巷道→预压→巷道开挖→安装 U 型钢支架→加载试验。模型安装过程如图 4-10 所示。

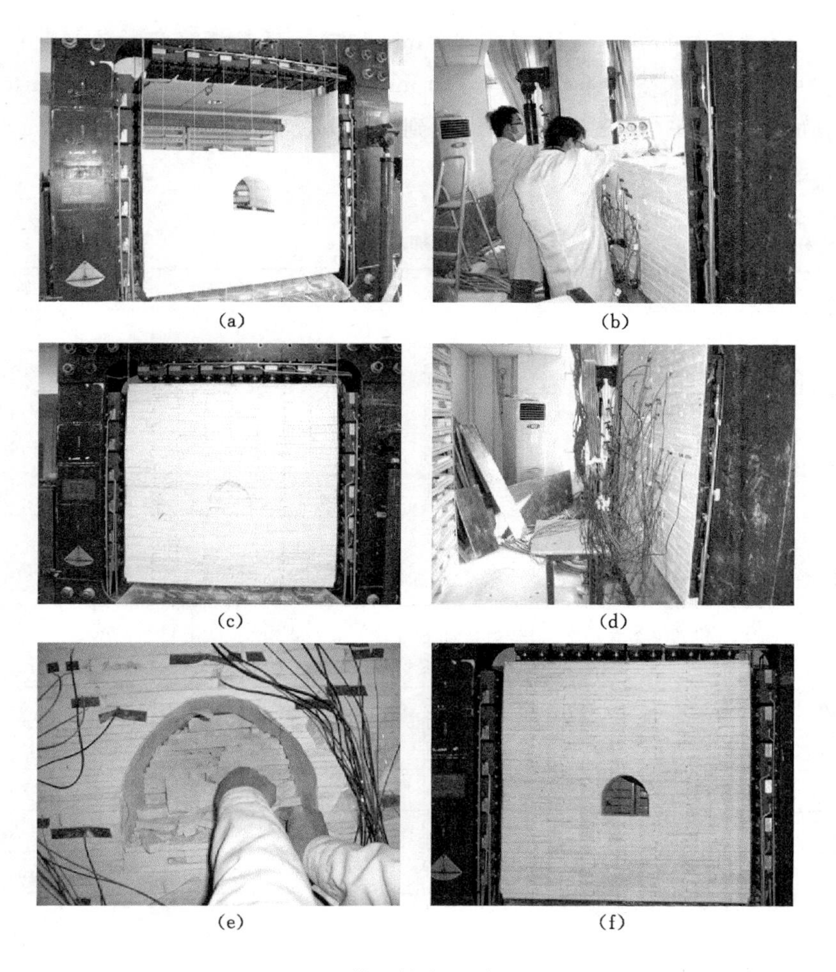

(a) (b) (c) (d) (e) (f)

图 4-10 模型铺砌、开挖过程图

4.3.5 模型加载级别的确定

根据地应力测试结果，获得该点的垂直应力为 4.72～4.91 MPa，取4.8 MPa，最大水平主应力为 8.41～8.66 MPa，取 8.6 MPa，侧压系数近似为1.8。根据应力相似比，获得模型垂直应力为 0.255 MPa，水平应力为 0.457 MPa，按照垂直应力 0.1 MPa 的增量逐级加载，根据侧压系数确定水平应力大小，采用垂直应力和水平应力同时加载的方式进行试验。当加载级别达到垂直应力 0.3 MPa、水平应力 0.54 MPa 时，围岩无失稳破坏迹象，此时改变加载方式，考虑现场围岩膨胀压力的影响，通过垂直方向和水平方向同步逐级增加 0.1 MPa 的方式模拟现场膨胀压力的作用，直至模型失稳破坏。首先在垂直方向和水平方向均施加

0.1 MPa的压力进行模型预压，预压 30 min 岩层运动趋于稳定后进行巷道的开挖、支护工作，开挖、支护工作完毕后 30 min 进行第 1 级加载，再过 30 min 进行第 2 级加载，每隔 30 min 加载 1 级，直到模型失稳破坏。模型一、模型二、模型三加载级别见表 4-1～表 4-3。

表 4-1　　　　模型一加载级别

加载	顶压/MPa	侧压/MPa	开始时间	加载	顶压/MPa	侧压/MPa	开始时间
预压	0.1	0.1	17:58	5 级	0.5	0.74	20:28
1 级	0.1	0.18	18:28	6 级	0.6	0.84	20:58
2 级	0.2	0.36	18:58	7 级	0.7	0.94	21:28
3 级	0.3	0.54	19:28	8 级	0.8	1.04	21:58
4 级	0.4	0.64	19:58				

表 4-2　　　　模型二加载级别

加载	顶压/MPa	侧压/MPa	开始时间	加载	顶压/MPa	侧压/MPa	开始时间
预压	0.1	0.1	9:24	7 级	0.7	0.94	12:54
1 级	0.1	0.18	9:54	8 级	0.8	1.04	13:24
2 级	0.2	0.36	10:24	9 级	0.9	1.14	13:54
3 级	0.3	0.54	10:54	10 级	1.0	1.24	14:24
4 级	0.4	0.64	11:24	11 级	1.1	1.34	14:54
5 级	0.5	0.74	11:54	12 级	1.2	1.44	15:24
6 级	0.6	0.84	12:24				

表 4-3　　　　模型三加载级别

加载	顶压/MPa	侧压/MPa	开始时间	加载	顶压/MPa	侧压/MPa	开始时间
预压	0.1	0.1	10:02	8 级	0.8	1.04	14:02
1 级	0.1	0.18	10:32	9 级	0.9	1.14	14:32
2 级	0.2	0.36	11:02	10 级	1.0	1.24	15:02
3 级	0.3	0.54	11:32	11 级	1.1	1.34	15:32
4 级	0.4	0.64	12:02	12 级	1.2	1.44	16:02
5 级	0.5	0.74	12:32	13 级	1.3	1.54	16:32
6 级	0.6	0.84	13:02	14 级	1.4	1.64	17:02
7 级	0.7	0.94	13:32				

试验获得模型一、模型二、模型三破坏失稳时垂直方向和水平方向围岩最大

承载能力分别为 0.8 MPa 和 1.04 MPa、1.2 MPa 和 1.44 MPa、1.4 MPa 和 1.64 MPa。模型二中围岩垂直和水平方向承载能力分别为模型一的 1.5 倍和 1.38 倍，可以看出，在封闭 U36 型钢支护的基础上增加周边锚杆支护后围岩稳定性得到有效改善，围岩的承载能力得到较大提升，说明封闭 U36 型钢支护方式较底板开放支护方式对围岩的控制效果得到明显改善，在封闭支护的基础上锚杆加固作用得以发挥，围岩的承载能力得到明显提升。模型三中围岩垂直和水平方向承载能力提高为模型一的 1.75 倍和 1.58 倍，提高为模型二的 1.17 倍和 1.14 倍，表明在周边锚杆的基础上增加底板锚杆后围岩承载能力进一步加强，则在封闭 U36 型钢支护的基础上增加锚杆支护是可行的，也是必须的，为现场锚杆支护方式的选取提供理论依据。

结合应力相似比，对应获得现场生产中封闭 U36 型钢＋周边锚杆＋底板锚杆支护状态下，在垂直应力和水平应力分别达到 26.35 MPa 和 30.86 MPa 时巷道失稳破坏，该应力状态尚未达到泥岩的膨胀压力水平（35.7～36.7 MPa），但远远大于现场地应力水平，进一步证明膨胀压力为该地区软岩巷道失稳破坏的主要压力来源。同时可以看出，虽然封闭支护结构体对围岩的控制效果较未封闭时已有较大改善，但围岩的承载能力仍明显小于泥岩的膨胀压力水平，因此，在封闭支护结构体的基础上研发更高强度的结构形式为解决该地区软岩巷道支护难题的必然选择，该问题将在下一章进行系统研究。

4.4 试验结果分析

4.4.1 模型破坏过程概述

4.4.1.1 模型一破坏过程概述

模型一支护方式为封闭 U36 型钢支护，模型在八级（垂直荷载 0.8 MPa，水平荷载 1.04 MPa）加载下发生失稳破坏，其破坏过程如图 4-11 所示。

加载过程中，巷道底板位置首先发生底鼓，具体表现为底板横梁的鼓起。随着加载级别的增加，底板横梁鼓起幅度增加，底板岩层逐渐出现鼓起现象，同时在巷道中间底板岩层出现斜切劈裂。

随着荷载的进一步增加，岩层在劈裂位置发生破坏，引起底板岩层的整体失稳，进而引发整个模型失稳破坏。虽然采取反底拱的方式对底板岩层进行加固，但底板仍为围岩失稳的主要弱面。因此，在现场生产中，进一步提高底板强度、加强底板稳定性控制对保持围岩整体稳定具有重要作用。

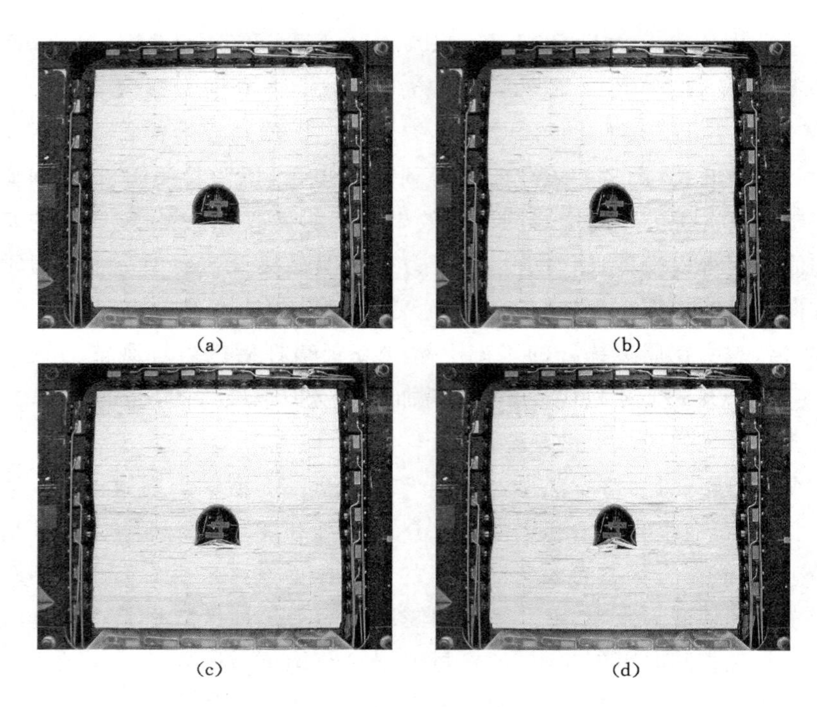

图 4-11　模型一破坏过程图

4.4.1.2　模型二破坏过程概述

模型二支护方式为封闭 U36 型钢＋周边锚杆支护，巷道破坏过程如图 4-12 所示。加载过程中，巷道仍然首先出现底鼓，主要表现为底板横梁的鼓起。随着加载级别的增加，底鼓量逐渐增大，底板下方大范围岩层松动鼓起，逐步出现失稳破坏，底板位置仍然是围岩失稳的主要弱面。增加锚杆支护后，两帮强度得到明显提高，两帮位置滞后于顶板发生失稳破坏。可以看出，在该封闭支护状态下，锚杆的加固作用得以发挥，围岩稳定性得到有效改善。

4.4.1.3　模型三破坏过程概述

模型三支护方式为封闭 U36 型钢＋周边锚杆＋底板锚杆支护，巷道破坏过程如图 4-13 所示。随着加载级别的增加，巷道右上侧覆岩首先发生破坏，接着右侧岩层垮落范围向左侧扩展，在左右侧围岩发生垮塌后，底板位置开始出现斜切劈裂，随着顶板岩层垮落范围扩展至模型顶部，底板斜切劈裂加深，底板岩层沿斜切劈裂出现错动底鼓，引起两帮内挤，诱发整个围岩的失稳破坏。可以看出，增加底板锚杆后底板强度有了较大幅度的提升，巷道破坏的主要弱面自底板转移至上覆岩层。

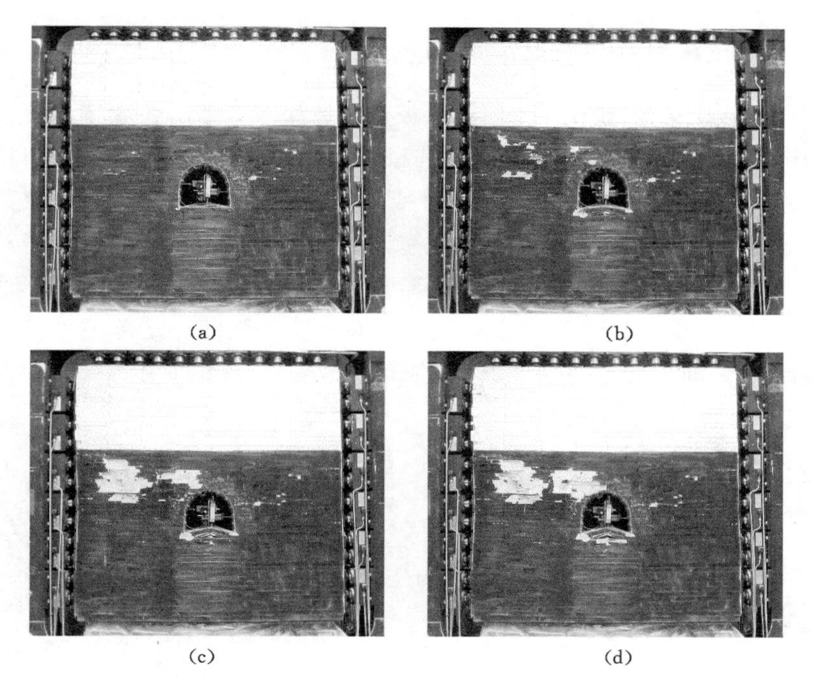

(a) (b)

(c) (d)

图 4-12 模型二破坏过程

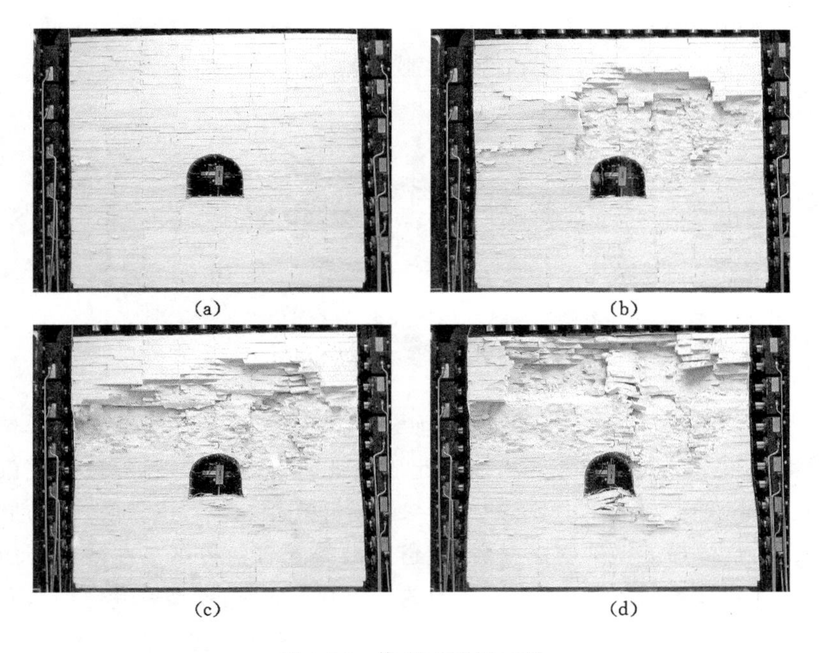

(a) (b)

(c) (d)

图 4-13 模型三破坏过程

4.4.2 底板位移演化规律分析

结合位移计布置，获得3个模型底板及底板深部0.1 m位置围岩位移演化规律如图4-14所示，不同模型底板及其深部0.1 m位置位移演化规律对比如图4-15所示，由于模型失稳时位移发生突变，在真实的加载时间-位移演化关系中无法有效显示位移突变过程，因此将失稳后的加载时间放大60倍，获得对应的位移演化规律。整理底板位移演化规律可以看出，随着加载级别的增加，底鼓量逐渐增加，末级加载后，底板位移发生突变，随着支护强度的提高，底板变形得到有效控制，同一加载级别下底鼓量明显减小。

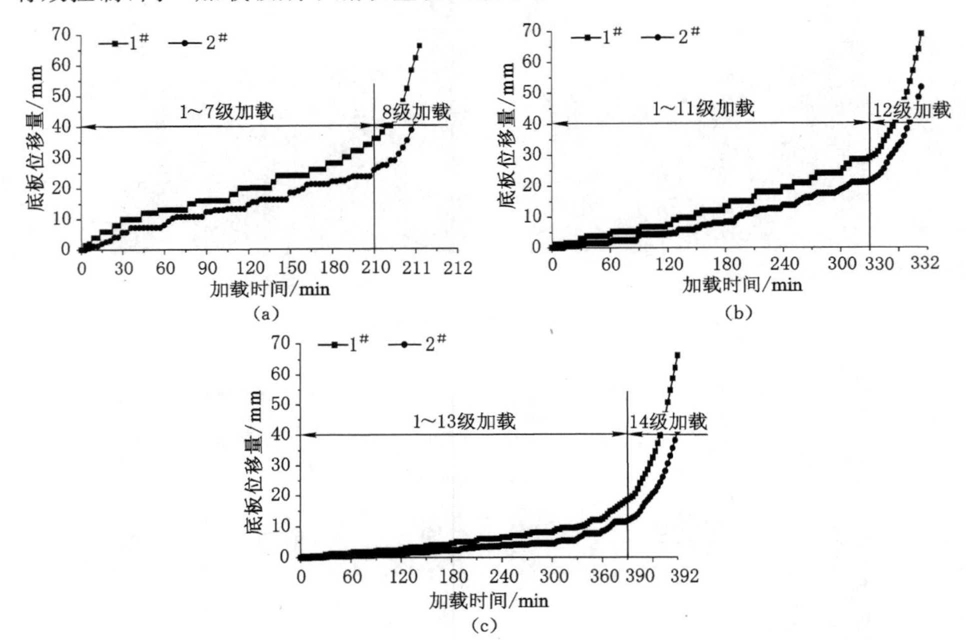

图4-14 不同模型底板位移演化规律

(a) 模型一；(b) 模型二；(c) 模型三

在模型一加载至210 min，即末级加载前，巷道底板及其深部0.1 m位置底鼓量分别为36.0 mm、24.7 mm，而在此加载级别下，模型二对应位置底鼓量分别为16.5 mm、11.7 mm，分别为模型一底鼓量的45.8%、47.4%，增加周边锚杆后围岩的整体强度得到明显提高，巷道底鼓得到有效控制。在增加周边锚杆的基础上进一步增加底板锚杆后，在加载至210 min时，模型三巷道底板及其深部0.1 m位置底鼓量分别为5.5 mm、3.3 mm，分别为模型二底鼓量的33.3%、28.2%；加载至330 min，即模型二末级加载前，模型二巷道底板及其深部0.1 m

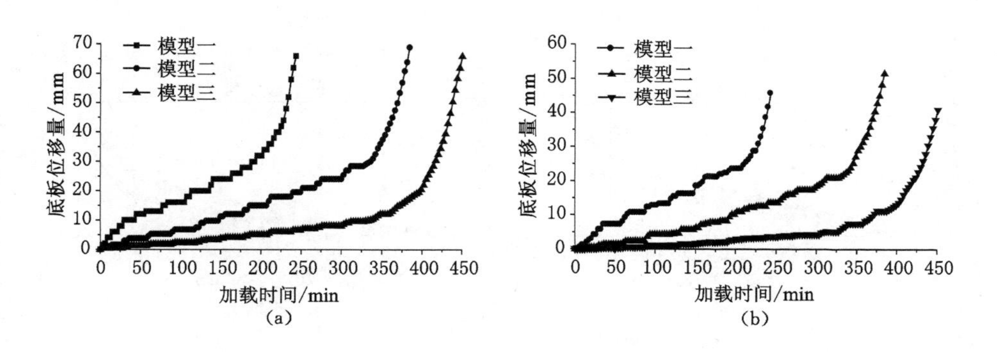

图 4-15　不同模型底板及其深部位置位移演化规律对比图

(a) 底板位置;(b) 底板深部 0.1 m

位置底鼓量分别为 29 mm、21.4 mm,而在此加载级别下,模型三对应位置底鼓量分别为 9.7 mm、5.8 mm,分别为模型二底鼓量的 33.4%、27.1%,则在周边锚杆的基础上进一步增加底板锚杆加固后,围岩的整体强度进一步提高,围岩承载能力进一步改善,在相同加载级别下巷道底鼓量得到有效控制,底鼓量进一步减小。

4.4.3　两帮位移演化规律分析

三个模型两帮及其深部 0.1 m 位置围岩位移演化规律如图 4-16 所示,由于两帮位移演化规律近于一致,选取左帮进行分析,不同模型左帮及其深部 0.1 m 位置位移演化规律对比如图 4-17 所示,末级加载后加载时间—位移演化关系与底板位移突变后的处理方法相一致。

在模型一加载至 210 min,即末级加载前,巷道左帮及其深部 0.1 m 位置位移量分别为 22.8 mm、16.8 mm,而在此加载级别下,模型二对应位置位移量分别为 6.4 mm、4.0 mm,分别为模型一位移量的 28.1%、23.8%;在增加周边锚杆的基础上进一步增加底板锚杆后,在相同加载级别下,模型三巷道左帮及其深部 0.1 m 位置位移量分别为 2.7 mm、1.3 mm,分别为模型二位移量的 42.2%、32.5%。在加载至 330 min,即模型二末级加载前,模型二巷道左帮及其深部 0.1 m位置位移量分别为 14.3 mm、8.8 mm,而在此加载级别下,模型三对应位置位移量分别为 6.1 mm、3.0 mm,分别为模型二位移量的 42.7%、34.1%。可以看出,在封闭 U36 型钢支护的基础上增加周边锚杆后,巷道帮部变形明显减小,而在周边锚杆的基础上进一步增加底板锚杆加固后,围岩的整体强度进一步提高,相同加载级别下两帮移近量进一步降低。

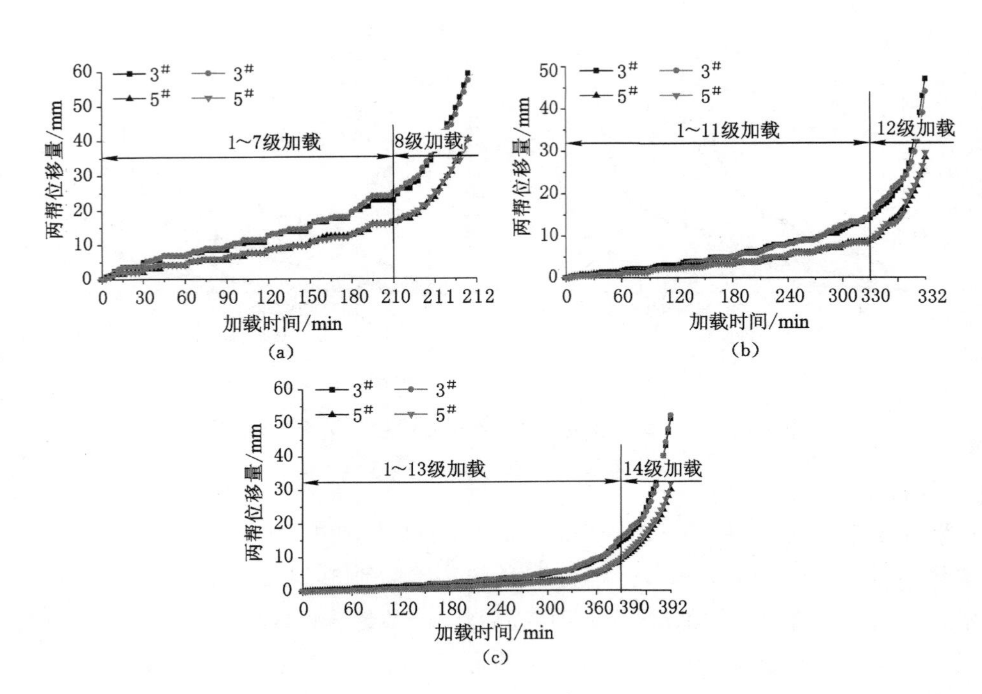

图 4-16 不同模型两帮位移演化规律

(a) 模型一;(b) 模型二;(c) 模型三

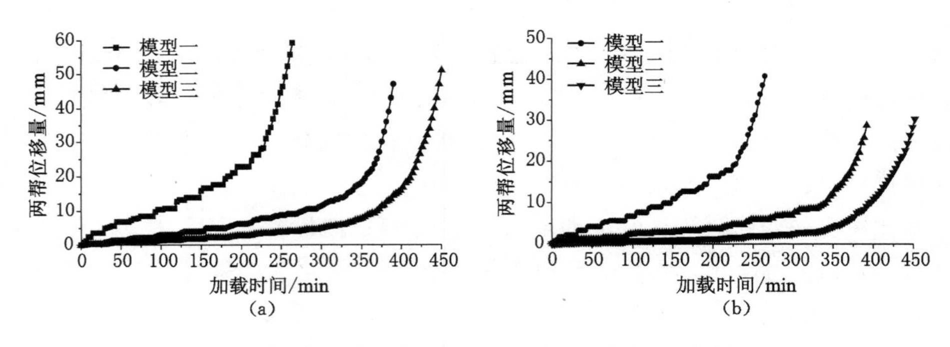

图 4-17 不同模型左帮及其深部位置位移演化规律对比图

(a) 左帮位置;(b) 左帮深部 0.1 m

4.4.4 顶板位移演化规律分析

三个模型顶板及其深部围岩位移演化规律如图 4-18 所示,不同模型顶板及其深部 0.16 m 位置位移演化规律对比如图 4-19 所示,末级加载后加载时间-位移演化关系与底板位移突变后的处理方法相一致。

在模型一加载至 210 min,即末级加载前,巷道顶板及其深部 0.16 m 位置

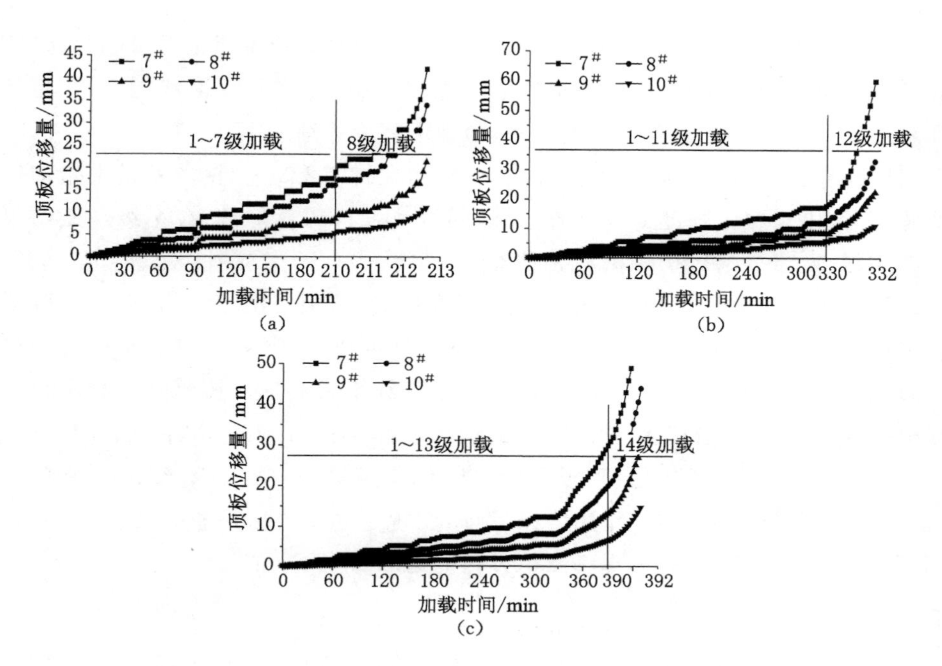

图 4-18　不同模型顶板位移演化规律

(a) 模型一;(b) 模型二;(c) 模型三

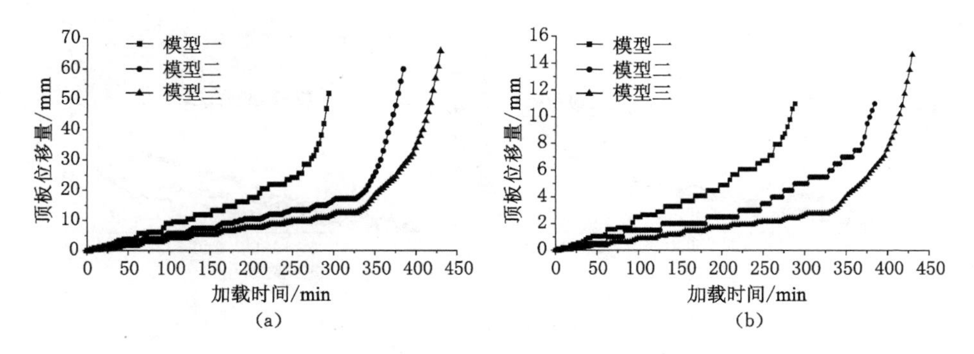

图 4-19　不同模型顶板及其深部位置位移演化规律对比图

(a) 顶板位置;(b) 顶板深部 0.1 m

围岩下沉量分别为 19.0 mm、5.3 mm,而在此加载级别下,模型二对应位置下沉量分别为 10.5 mm、2.5 mm,分别为模型一下沉量的 55.3%、47.2%;在增加周边锚杆的基础上进一步增加底板锚杆后,在相同加载级别下,模型三巷道顶板及其深部 0.16 m 位置下沉量分别为 7.6 mm、1.8 mm,分别为模型二下沉量的 72.4%、72%。在模型二加载至 330 min,即模型二末级加载前,巷道顶板及其深部 0.16 m 位置顶板下沉量分别为 17.8 mm、6.0 mm,而在此加载级别下,模

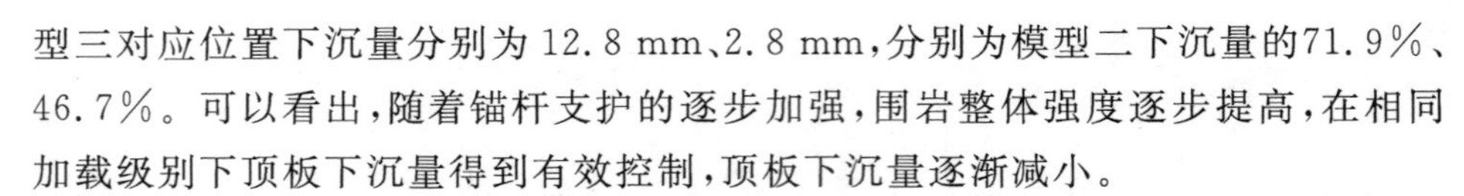

型三对应位置下沉量分别为 12.8 mm、2.8 mm，分别为模型二下沉量的71.9%、46.7%。可以看出，随着锚杆支护的逐步加强，围岩整体强度逐步提高，在相同加载级别下顶板下沉量得到有效控制，顶板下沉量逐渐减小。

综合巷道底板、两帮、顶板位移演化规律，在封闭 U36 型钢的基础上增加周边锚杆后，围岩整体强度得到有效提升，围岩位移量明显降低，在 7 级加载结束巷道底板、两帮、顶板位移量分别降低为封闭 U36 型钢支护状态的 45.8%、28.1%、55.3%，其中，两帮移近量降低程度最大，顶板下沉量次之，底鼓量降低程度最小；进一步增加底板锚杆后，围岩整体强度进一步提高，围岩承载能力进一步改善，围岩位移量进一步减小，在 11 级加载结束巷道底板、两帮、顶板位移量分别降低为周边锚杆支护状态的 33.4%、42.7%、71.9%，其中，底鼓量降低程度最大，两帮移近量次之，顶板下沉量降低程度最小。在封闭 U36 型钢的基础上增加锚杆支护后，锚杆作用得以发挥，实现了主动支护和被动支护的耦合，围岩变形得到有效控制，为现场支护方式的选取指明了方向。

4.4.5 巷道表面位移演化规律分析

同一模型中巷道底板、两帮、顶板位移演化规律如图 4-20 所示。由于两帮位移演化规律近于一致，在此选择左帮位移进行分析。

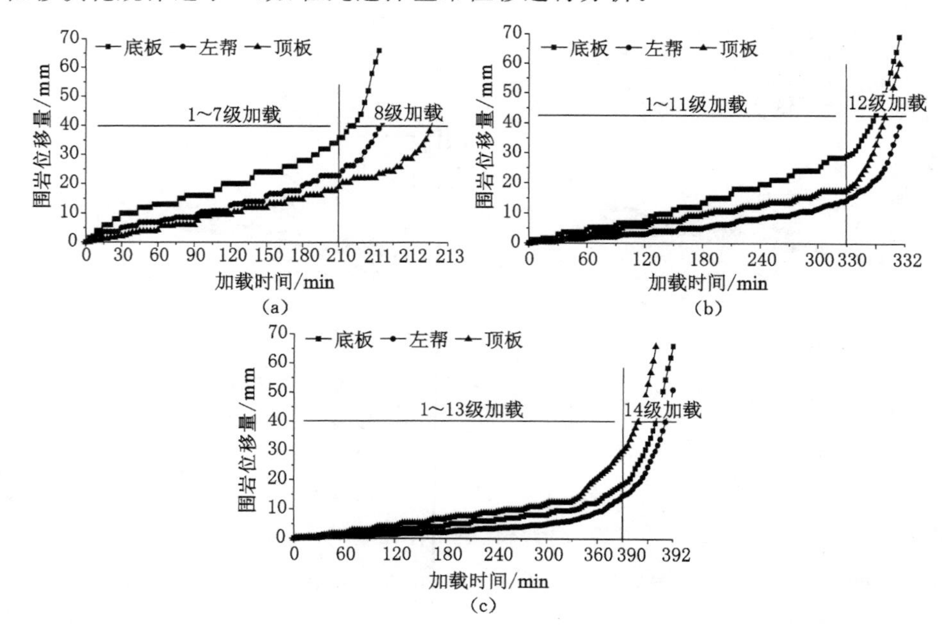

图 4-20 不同模型巷道表面位移演化规律

(a) 模型一；(b) 模型二；(c) 模型三

分析模型一巷道表面位移演化规律，随加载级别的增加围岩位移量近于线性增加，在同一加载级别下，底板位移量最大，左帮位移量次之，顶板位移量最小，在末级加载前、7 级加载结束时，底板底鼓量为 36 mm，左帮移近量为 22.8 mm，顶板下沉量为 19.0 mm，左帮移近量约为底板底鼓量的 63.3%，顶板下沉量为底板底鼓量的 52.8%，对应获得底板为应力释放的主要弱面，围岩失稳顺序为底板→两帮→顶板。底板位移量的增加减弱对两帮的加固作用，引发两帮移近变形，两帮移近量的增加降低对顶板岩层的支撑作用，引发顶板下沉变形，变形量的逐渐增加导致围岩整体失稳，进一步体现巷道底板、顶板、两帮在维持围岩稳定中的整体效应，则加强对巷道底鼓的控制对保持围岩稳定具有重要作用。虽然增加反底拱对底板进行了加强支护，但底板仍为围岩失稳的主要弱面，该支护方式下围岩失稳顺序与现场相一致。

分析模型二巷道表面位移演化规律，增加周边锚杆后，围岩整体强度得到明显提升。在末级加载前、11 级加载结束时底板底鼓量为 29 mm，左帮移近量为 14.3 mm，顶板下沉量为 17.8 mm，确定围岩失稳顺序为底板→顶板→两帮，与模型一围岩失稳顺序略有差异，虽然底板位置仍为围岩失稳的主要弱面，但两帮强度得到明显提升，两帮位置滞后于顶板发生失稳破坏。与模型一对比获得，在围岩整体变形中，模型二巷道左帮移近量降低为底板底鼓量的 49.3%，顶板下沉量提高为底板底鼓量的 61.4%，则在周边锚杆的加固作用下，两帮围岩变形得到有效缓解。

分析模型三巷道表面位移演化规律，在周边锚杆的基础上增加底板锚杆加固后，围岩整体强度进一步提高，底板强度提高最为明显，顶板位置强度提高较小，其演化为强度相对较低区域，成为应力释放的主要弱面。在末级加载前、13 级加载结束时，底板底鼓量为 18.5 mm，左帮移近量为 14.5 mm，顶板下沉量为 30 mm，此时，围岩失稳顺序为顶板→底板→两帮，围岩破坏的主要弱面自底板位置转移至顶板覆岩。

综合 3 个模型的试验过程，在封闭 U36 型钢支护方式下，底板为应力释放的主要弱面，围岩失稳顺序为底板→两帮→顶板；在此基础上增加周边锚杆后，两帮强度得到明显提升，滞后于顶板发生失稳破坏，围岩失稳顺序为底板→顶板→两帮；进一步增加底板锚杆加固后，围岩承载能力进一步提高，底板强度提升最为明显，围岩破坏的主要弱面自底板位置转移至顶板覆岩，其失稳顺序为顶板→底板→两帮。

4.4.6 底板应力演化规律分析

结合应力监测位置，获得三种模型底板深部不同位置围岩应力演化规律如

图 4-21 所示，不同模型底板深部 0.06 m 及 0.36 m 位置应力演化规律对比如图 4-22 所示，由于模型失稳时应力发生突变，突变后的应力数值不进行分析，在此只分析模型失稳前应力演化特征。可以看出，随着加载级别的增加，同一位置岩层应力逐渐增加；同一加载级别下，随与巷道距离的增加，围岩应力逐渐增加。对比不同模型底板深部 0.06 m 及 0.36 m 位置应力演化规律，随着支护强度的提高，围岩强度得到改善，同一加载级别下底板应力逐渐增加，围岩承载能力逐渐增强。

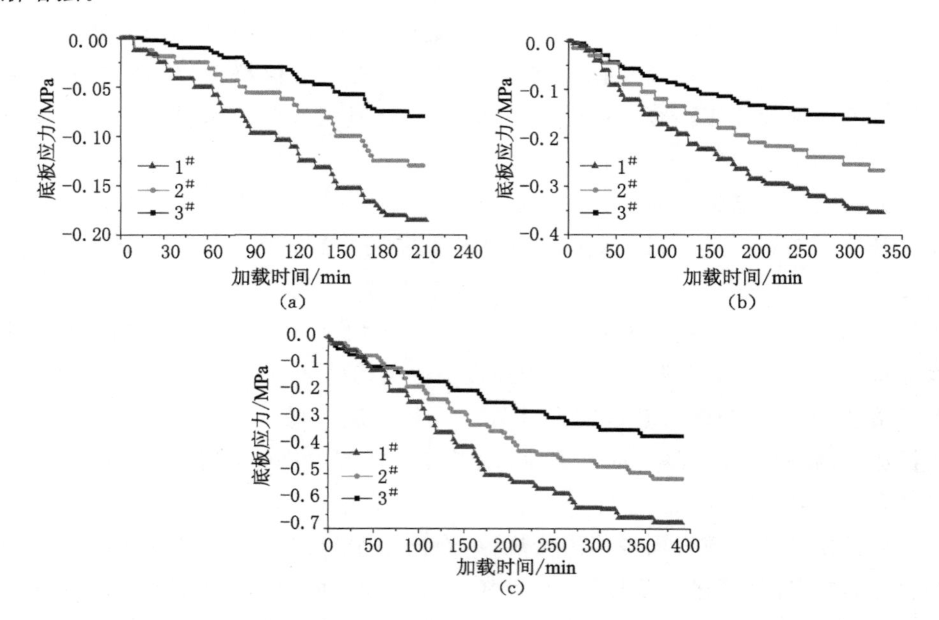

图 4-21　不同模型底板应力演化规律

(a) 模型一；(b) 模型二；(c) 模型三

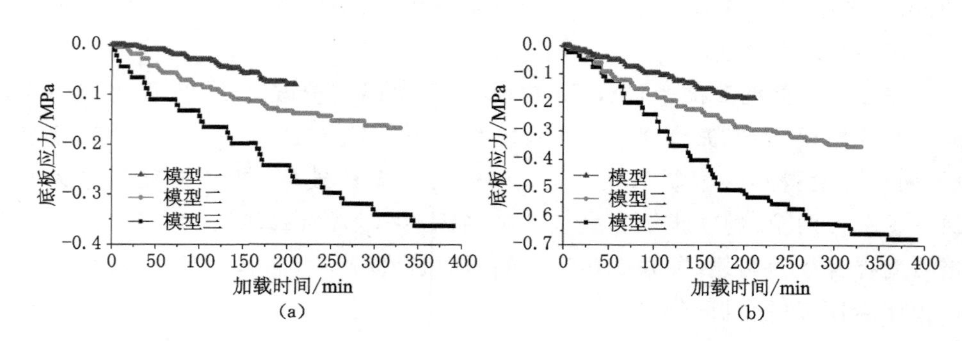

图 4-22　不同模型底板深部岩层应力演化规律对比图

(a) 底板深部 0.06 m；(b) 底板深部 0.36 m

在整个加载过程中，模型一失稳前底板深部 0.06 m 及 0.36 m 位置最大应力状态分别为 0.08 MPa、0.19 MPa，此时模型二对应位置应力数值为 0.14 MPa、0.30 MPa，在此状态下模型二底板深部 0.06 m 及 0.36 m 位置应力分别提高为模型一的 1.75 倍和 1.58 倍。可以看出，在封闭 U36 型钢的基础上增加周边锚杆支护后，底板围岩应力提高明显，周边锚杆对底板强度的提高具有明显作用。

在周边锚杆的基础上进一步增加底板锚杆后，底板强度进一步提高，在模型一最大应力状态下模型三底板深部 0.06 m 及 0.36 m 位置应力数值分别为 0.28 MPa、0.53 MPa，模型三对应位置底板应力分别提高为模型二的 2.0 倍和 1.77 倍；在模型二失稳前底板深部 0.06 m 及 0.36 m 位置最大应力状态分别为 0.17 MPa、0.35 MPa，此时模型三对应位置应力数值为 0.34 MPa、0.66 MPa，在此状态下模型三底板深部 0.06 m 及 0.36 m 位置应力分别提高为模型二的 2.0 倍和 1.89 倍。因此增加底板锚杆对底板应力的进一步提高具有重要作用。

4.4.7 两帮应力演化规律分析

结合应力监测位置，获得三种模型两帮以里不同深度围岩应力演化规律如图 4-23 所示，由于两帮对称位置应力演化规律基本一致，选取左帮进行分析，获得不同模型两帮以里 0.06 m 及 0.36 m 位置应力演化规律如图 4-24 所示。可以看出，随着加载级别的增加，同一位置岩层应力逐渐增加；同一加载级别下，随与巷道距离的增加，围岩应力逐渐增加；随着支护强度的提高，围岩强度得到改善，相同加载级别下两帮应力逐渐增加。

在整个加载过程中，模型一失稳前两帮以里 0.06 m 及 0.36 m 位置最大应力状态分别为 0.11 MPa、0.54 MPa，此时模型二对应位置应力数值为 0.21 MPa、0.77 MPa，在此状态下模型二两帮以里 0.06 m 及 0.36 m 位置应力分别提高为模型一的 1.91 倍和 1.43 倍。可以看出，在封闭 U36 型钢的基础上增加周边锚杆支护后，两帮围岩强度明显提高，围岩应力明显增大。

在周边锚杆的基础上进一步增加底板锚杆后，两帮强度进一步提高，在模型一最大应力状态下模型三两帮以里 0.06 m 及 0.36 m 位置应力数值分别为0.27 MPa、0.86 MPa，模型三对应位置围岩应力分别提高为模型二的 1.29 倍和 1.12 倍；在模型二失稳前两帮以里 0.06 m 及 0.36 m 位置最大应力状态分别为 0.29 MPa、0.95 MPa，此时模型三对应位置应力数值为 0.43 MPa、1.13 MPa，在此状态下模型三两帮以里 0.06 m 及 0.36 m 位置应力分别提高为模型二的 1.48 倍和 1.19 倍。因此则增加底板锚杆对两帮应力的提高作用明显。

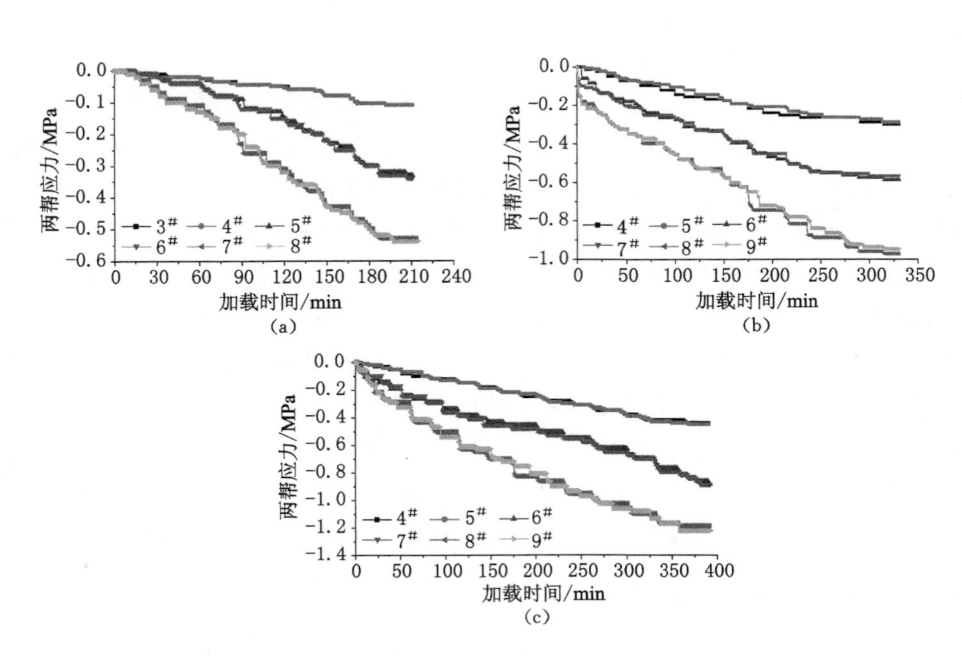

图 4-23　不同模型两帮应力演化规律

(a) 模型一;(b) 模型二;(c) 模型三

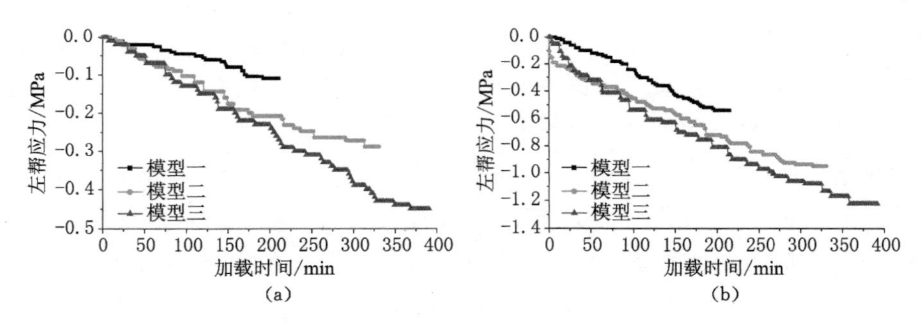

图 4-24　不同模型左帮深部岩层应力演化规律对比图

(a) 左帮深部 0.06 m;(b) 左帮深部 0.36 m

4.4.8　顶板应力演化规律分析

结合应力监测位置,获得 3 种模型顶板上方不同深度围岩应力演化规律如图 4-25 所示,不同模型顶板上方 0.06 m 及 0.36 m 位置应力演化规律如图 4-26 所示。可以看出,随着加载级别的增加,同一位置岩层应力逐渐增加;同一加载级别下,随与巷道距离的增加,顶板应力逐渐增加,随着支护强度的提高,围岩强度逐渐提高。

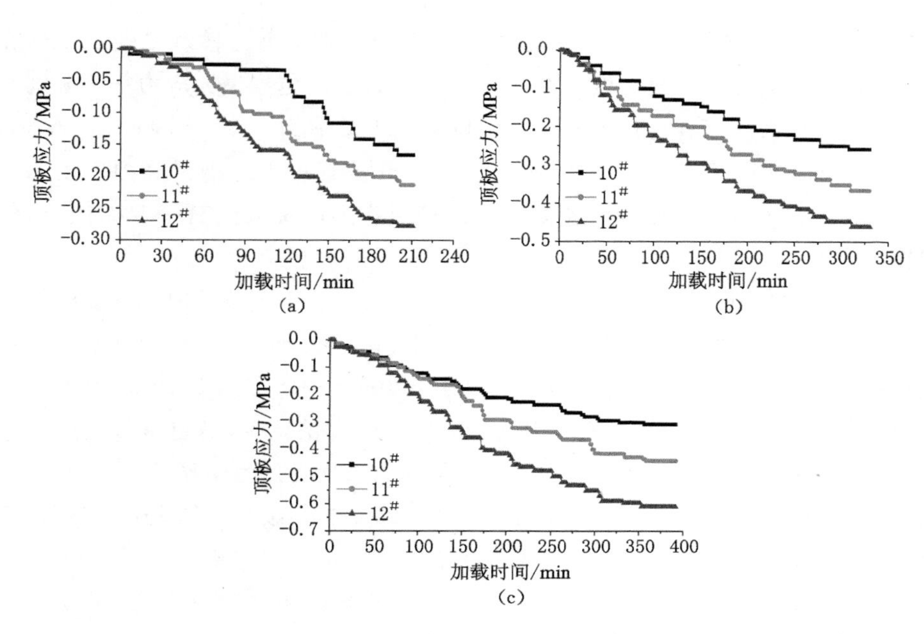

图 4-25 不同模型顶板应力演化规律

(a) 模型一;(b) 模型二;(c)模型三

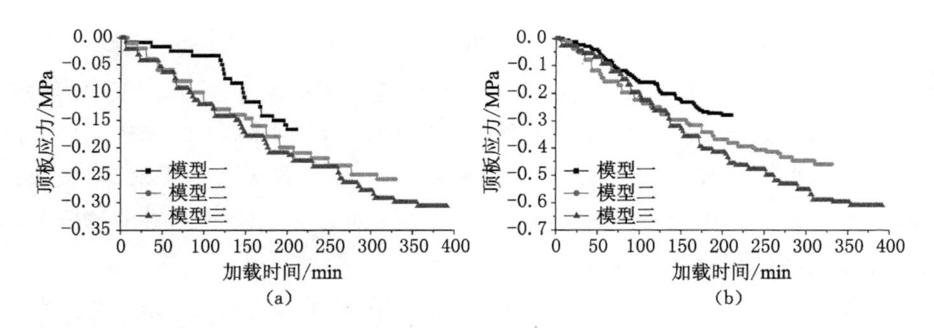

图 4-26 不同模型顶板深部岩层应力演化规律对比图

(a) 顶板上方 0.06 m;(b) 顶板上方 0.36 m

在整个加载过程中,模型一失稳前顶板上方 0.06 m 及 0.36 m 位置最大应力状态分别为 0.17 MPa、0.28 MPa,此时模型二对应位置应力数值为 0.21 MPa、0.38 MPa,则在封闭 U36 型钢的基础上增加周边锚杆支护后,顶板强度得到一定的改善,在此状态下模型二顶板上方 0.06 m 及 0.36 m 位置应力分别提高为模型一的 1.24 倍和 1.34 倍。

在周边锚杆的基础上进一步增加底板锚杆后,顶板强度进一步提高,在模型一最大应力状态下模型三顶板上方 0.06 m 及 0.36 m 位置应力数值分别为

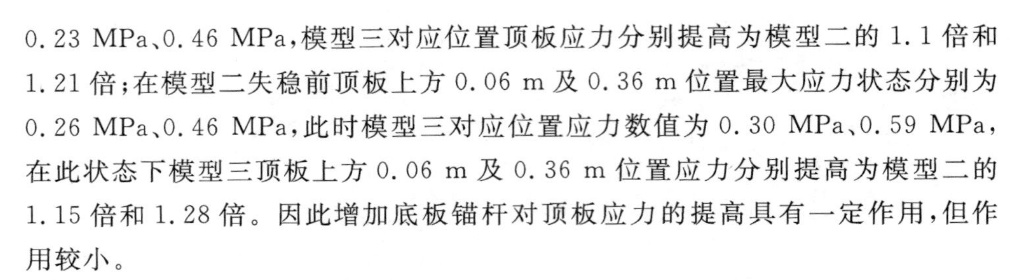

0.23 MPa、0.46 MPa，模型三对应位置顶板应力分别提高为模型二的 1.1 倍和 1.21 倍；在模型二失稳前顶板上方 0.06 m 及 0.36 m 位置最大应力状态分别为 0.26 MPa、0.46 MPa，此时模型三对应位置应力数值为 0.30 MPa、0.59 MPa，在此状态下模型三顶板上方 0.06 m 及 0.36 m 位置应力分别提高为模型二的 1.15 倍和 1.28 倍。因此增加底板锚杆对顶板应力的提高具有一定作用，但作用较小。

综合巷道底板、两帮、顶板应力演化规律，在封闭 U36 型钢的基础上增加周边锚杆后，同一加载级别下围岩应力提升明显，在 7 级加载结束巷道底板、两帮、顶板深部 0.06 m 应力分别提高为封闭 U36 型钢支护状态的 1.75 倍、1.91 倍、1.24 倍，其中，两帮应力提高程度最大，结合位移演化规律，确定增加周边锚杆后两帮强度提高程度最大，周边锚杆对两帮的加固作用最为明显；进一步增加底板锚杆后，同一加载级别下围岩应力进一步提高，在 11 级加载结束巷道底板、两帮、顶板应力分别提高为周边锚杆支护状态的 2.0 倍、1.48 倍、1.15 倍，其中，底板应力提高程度最大，结合位移演化规律，确定增加底板锚杆后底板强度提高程度最大，底板锚杆对底板的加固作用最为明显。

4.4.9 模型巷道围岩深部 0.06 m 位置应力演化规律分析

由于左右两帮应力数值较接近，选取左帮应力数值进行对比，三种模型巷道围岩深部 0.06 m 位置围岩应力演化规律如图 4-27 所示。在模型一失稳前巷道底板、两帮、顶板最大应力数值分别为 0.08 MPa、0.11 MPa、0.17 MPa，其中，底板位置应力水平最低、两帮位置应力水平次之、顶板位置应力水平最高，底板位置最先发生失稳破坏，底板位置较低的应力水平难以有效承载围岩的膨胀变形能，致使底板成为膨胀压力释放的主要弱面。

增加周边锚杆后，围岩应力得到明显提升，在模型二失稳前巷道底板、两帮、顶板最大应力数值分别为 0.17 MPa、0.29 MPa、0.26 MPa，分别提高为模型一对应位置的 2.13 倍、2.64 倍、1.53 倍。可以看出，增加周边锚杆后，在围岩承载能力大幅提升的同时，围岩应力得到了较大程度的提高，其中，两帮应力提高程度最大，底板应力提高程度次之，顶板应力提高程度最小，此时底板仍呈现最低应力水平，其主要弱面状态仍未改变。

在周边锚杆的基础上增加底板锚杆后，围岩应力水平进一步增加，其承载能力进一步提升，在模型三失稳前巷道底板、两帮、顶板最大应力数值分别为 0.36 MPa、0.45 MPa、0.31 MPa，分别提高为模型二对应位置应力数值的 2.12 倍、1.55 倍、1.19 倍。可以看出，进一步增加底板锚杆后，底板应力提高程度最为明显，两帮应力提高程度次之，顶板应力提高程度最小，此时顶板呈现最低应力水

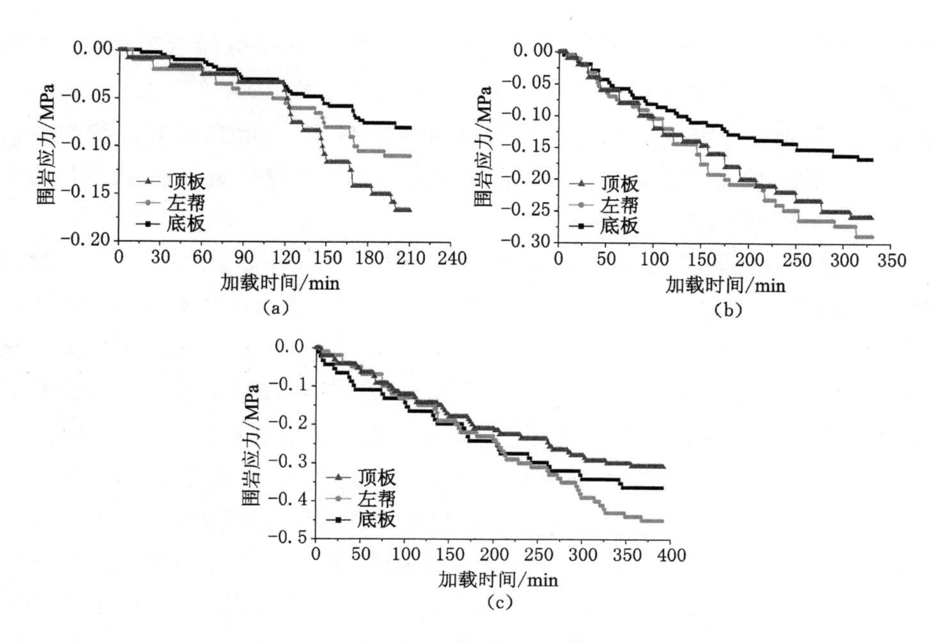

图 4-27 不同模型巷道表面应力演化规律

(a) 模型一;(b) 模型二;(c) 模型三

平,围岩破坏的主要弱面自底板转移至顶板覆岩,顶板覆岩首先发生失稳破坏。

综合巷道底板、两帮、顶板应力演化规律,在封闭 U36 型钢的基础上增加锚网喷支护,围岩应力水平得到明显提高,围岩整体强度得到有效改善,其中,增加周边锚杆后两帮强度提高最为明显;在周边锚杆的基础上进一步增加底板锚杆后,围岩强度进一步提高,其中,底板强度提高程度最大。在封闭 U36 型钢支护的基础上增加锚杆支护,可以有效提高围岩应力水平,进而提高围岩承载能力,表明了在封闭 U36 型钢的基础上增加锚网喷支护的有效作用,为后续类似泥岩条件锚网喷支护方式的选取提供依据。

4.5 本章小结

本章采用石膏单元板相似模型成功模拟了查干淖尔一号井软岩巷道封闭支护条件下变形失稳过程,获得了不同支护方式下围岩应力、位移演化规律,获得主要结论如下:

(1) 通过试验获得模型一、模型二、模型三破坏失稳时垂直方向和水平方向围岩承载能力分别为 0.8 MPa 和 1.04 MPa、1.2 MPa 和 1.44 MPa、1.4 MPa 和1.64 MPa;增加周边锚杆支护状态下,围岩垂直和水平方向承载能力分别提

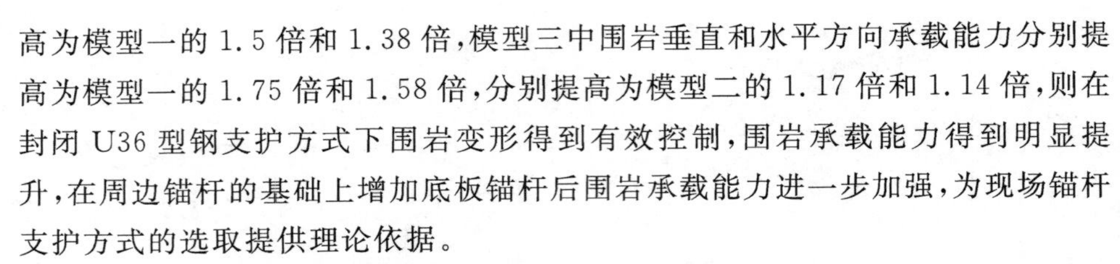

高为模型一的 1.5 倍和 1.38 倍，模型三中围岩垂直和水平方向承载能力分别提高为模型一的 1.75 倍和 1.58 倍，分别提高为模型二的 1.17 倍和 1.14 倍，则在封闭 U36 型钢支护方式下围岩变形得到有效控制，围岩承载能力得到明显提升，在周边锚杆的基础上增加底板锚杆后围岩承载能力进一步加强，为现场锚杆支护方式的选取提供理论依据。

（2）结合应力相似比，对应获得现场生产中模型三支护状态下巷道失稳时其垂直和水平压力分别为 26.35 MPa 和 30.86 MPa，尚未达到泥岩的膨胀压力水平（35.7～36.7 MPa），远远大于现场地应力水平，进一步证明膨胀压力为该地区软岩巷道失稳的主要压力来源，指出在封闭支护结构体的基础上研发更高强度的结构形式为解决该地区软岩巷道支护难题的必然选择。

（3）综合巷道底板、两帮、顶板位移和应力演化规律，在封闭 U36 型钢的基础上增加周边锚杆后，围岩整体强度得到有效改善，同一加载级别下围岩应力明显提升、围岩位移量明显降低，在 7 级加载结束巷道底板、两帮、顶板位移量分别降低为封闭 U36 型钢支护状态的 45.8%、28.1%、55.3%，其应力分别提高为封闭 U36 型钢支护状态的 1.75 倍、1.91 倍、1.24 倍，确定周边锚杆对两帮的加固作用最为明显；进一步增加底板锚杆后，围岩整体强度进一步提高，在 11 级加载结束巷道底板、两帮、顶板位移量分别降低为周边锚杆支护状态的 33.4%、42.7%、71.9%，其应力分别提高为周边锚杆支护状态的 2.0 倍、1.48 倍、1.15 倍，确定底板锚杆对底板的加固作用最为明显。在封闭 U36 型钢的基础上增加锚杆支护后，锚杆作用得以发挥，实现了主动支护和被动支护的耦合，围岩变形得到有效控制，为现场支护方式的选取指明了方向。

（4）综合 3 个模型的试验过程，在封闭 U36 型钢支护方式下，底板为应力释放的主要弱面，围岩失稳顺序为底板→两帮→顶板；在此基础上增加周边锚杆后，两帮强度得到明显提升，滞后顶板发生破坏失稳，围岩失稳顺序为底板→顶板→两帮；进一步增加底板锚杆后，围岩承载能力进一步提升，底板强度提升最为明显，围岩破坏的主要弱面自底板位置转移至顶板覆岩，其失稳顺序为顶板→底板→两帮。

5 支架结构强度演化规律分析

针对查干淖尔一号井软岩巷道支护难题，通过相似模拟试验确定采取措施研发高强度支护结构体、提高主动支护和被动支护的耦合作用效果为解决该地区软岩巷道支护难题的必然选择。现场已采用锚网喷+U36 型钢联合支护、锚网喷+16# 普通工字钢对棚联合支护、锚网喷+12# 矿用工字钢对棚联合支护等方式，但均未取得理想效果。鉴于此，本章在现有支架形式的基础上进行结构改进，以获得适合现场的高强度支护结构体。本章根据现场巷道具体断面尺寸，对比分析了封闭型钢支架在集中荷载和均布荷载作用下弯矩分布规律，对比分析了集中荷载下支架结构改进对其强度的影响规律，获得了高强度支架结构形式。鉴于 U 型钢支架在煤矿巷道应用中的普遍性，本章主要依据 U36 型钢的基本力学参数进行计算分析，以期获得支架强度演化基本规律，为煤矿巷道支护方式的选取提供新思路。

5.1 集中荷载下支架弯矩力学解析

由于现场支架主要发生顶底拱的弯曲破坏和底角的内挤破坏，结合现场支架破坏形式，简化次要载荷，确定巷道支架受力状态为拱顶、拱底位置和两底角位置受集中荷载作用，具体力学模型如图 5-1(a)所示。结合结构力学[182]知识，该支架可以等效为一个底拱连接固定铰[见图 5-1(b)]的对称超静定结构，该结构的受力状态可通过一侧结构受力进行分析，其一侧结构等效受力状态如图 5-1(c)所示，即分别在其 A、D 两点位置增加两个铰接约束。在图 5-1(c)中，点 D 位置 3 个铰接约束等价于 1 个固定约束，点 A 位置 2 个铰接约束用未知力矩 X_1 和未知力矩 X_2 代替，获得支架结构最终受力状态如图 5-1(d)所示。当 X_1 和 X_2 确定后，任意位置的力和力矩均可通过静力平衡得出。忽略型钢截面面积和自重，获得其力法方程为：

$$\begin{cases}\delta_{11}X_1+\delta_{12}X_2+\Delta_{1p}=0\\ \delta_{21}X_1+\delta_{22}X_2+\Delta_{2p}=0\end{cases} \tag{5-1}$$

式中 Δ_{1p}、Δ_{2p}——F_1、F_2 在基本结构内产生的位移；

δ_{11}、δ_{21}——$X_1=1$ 在基本结构内产生的位移；

δ_{12}、δ_{22}——$X_2=1$ 在基本结构内产生的位移。

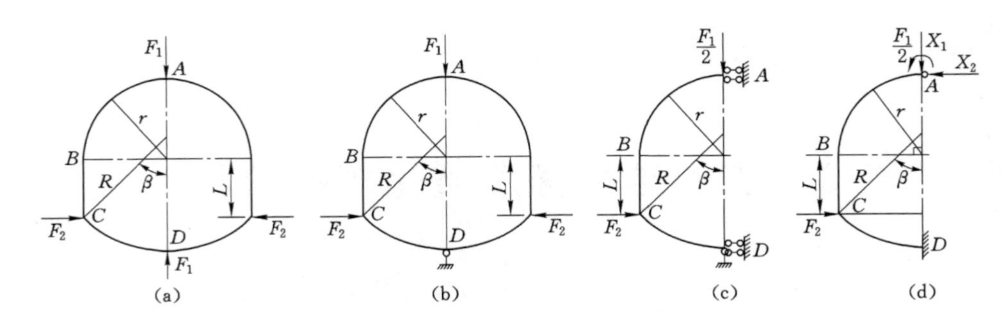

图 5-1　支架结构力学解析

(a) 支架受力状态；(b) 底拱位置增加铰接约束模型；(c) 支架一半结构受力状态；

(d) 支架一半结构最终受力状态

各参数对应的计算公式为：

$$\delta_{11}=\sum\int\frac{\overline{M_1}^2}{EI}\mathrm{d}s=\int_{AB}\frac{\overline{M_1}^2}{EI}\mathrm{d}s+\int_{BC}\frac{\overline{M_1}^2}{EI}\mathrm{d}s+\int_{CD}\frac{\overline{M_1}^2}{EI}\mathrm{d}s \tag{5-2}$$

$$\delta_{22}=\sum\int\frac{\overline{M_2}^2}{EI}\mathrm{d}s=\int_{AB}\frac{\overline{M_2}^2}{EI}\mathrm{d}s+\int_{BC}\frac{\overline{M_2}^2}{EI}\mathrm{d}s+\int_{CD}\frac{\overline{M_2}^2}{EI}\mathrm{d}s \tag{5-3}$$

$$\delta_{12}=\delta_{21}=\sum\int\frac{\overline{M_1}\,\overline{M_2}}{EI}\mathrm{d}s=\int_{AB}\frac{\overline{M_1}\,\overline{M_2}}{EI}\mathrm{d}s+\int_{BC}\frac{\overline{M_1}\,\overline{M_2}}{EI}\mathrm{d}s+\int_{CD}\frac{\overline{M_1}\,\overline{M_2}}{EI}\mathrm{d}s \tag{5-4}$$

$$\Delta_{1\mathrm{p}}=-\sum\int\frac{\overline{M_1}M_\mathrm{p}}{EI}\mathrm{d}s=-\left(\int_{AB}\frac{\overline{M_1}M_\mathrm{p}}{EI}\mathrm{d}s+\int_{BC}\frac{\overline{M_1}M_\mathrm{p}}{EI}\mathrm{d}s+\int_{CD}\frac{\overline{M_1}M_\mathrm{p}}{EI}\mathrm{d}s\right) \tag{5-5}$$

$$\Delta_{2\mathrm{p}}=-\sum\int\frac{\overline{M_2}M_\mathrm{p}}{EI}\mathrm{d}s=-\left(\int_{AB}\frac{\overline{M_2}M_\mathrm{p}}{EI}\mathrm{d}s+\int_{BC}\frac{\overline{M_2}M_\mathrm{p}}{EI}\mathrm{d}s+\int_{CD}\frac{\overline{M_2}M_\mathrm{p}}{EI}\mathrm{d}s\right) \tag{5-6}$$

式中　M_1、M_2——$X_1=1$、$X_2=1$ 在基本结构内产生的弯矩；

M_p——F_1 和 F_2 同时作用下基本结构中产生的弯矩；

E——材料的弹性模量；

I——截面对中性轴的惯性矩；

s——支护结构不同分段轴向长度。

定义支架内侧受拉时弯矩 M 为正。通过积分获得对应参数如下：

$$\delta_{11}=\frac{1}{EI}\left(\frac{\pi r}{2}+L+R\beta\right) \tag{5-7}$$

$$\delta_{22}=\frac{1}{EI}\left[r^3\left(\frac{3\pi}{4}-2\right)+r^2L+rL^2+\frac{L^3}{3}+R\beta(r+L-R\cos\beta)^2+\frac{R^3(\sin 2\beta+2\beta)}{4}+2R^2(r+L-R\cos\beta)\sin\beta\right] \tag{5-8}$$

$$\delta_{12} = \delta_{21} = \frac{1}{EI}\left[r^3\left(\frac{\pi}{2} - 1\right) + rL + \frac{L^2}{2} + R\beta(r + L - R\cos\beta) + R^2\sin\beta\right] \tag{5-9}$$

$$\Delta_{1p} = -\frac{1}{EI}\left[\frac{F_1(r^2 + rL + R^2 - R^2\cos\beta)}{2} + F_2R^2(\sin\beta - \beta\cos\beta)\right] \tag{5-10}$$

$$\Delta_{2p} = -\frac{1}{EI}\left\{\frac{F_1(r^3 + 2r^2L + rL^2)}{4} + (r + L - R\cos\beta)\left[\frac{F_1R^2(1-\cos\beta)}{2} + F_2R^2(\sin\beta - \beta\cos\beta)\right] + \frac{F_1R^3(1-\cos2\beta)}{8} + \frac{F_2R^3(2\beta - \sin2\beta)}{4}\right\} \tag{5-11}$$

式中 r——顶拱半径；

R——底拱半径；

β——一半底拱弧长对应的圆心角；

L——支架结构直墙高度。

基于上述基本参数，结合公式(5-1)，可计算出 X_1、X_2 的具体值，则根据静力平衡，可获得任意截面弯矩。

5.2 侧压系数对支架强度的影响分析

不同侧压系数下支架弯矩数值差别较大，支架强度差别亦较大，本节主要分析集中荷载和均布荷载下侧压系数对支架强度的影响规律，归纳总结随侧压系数的改变支架强度演化规律，以期为后续生产提供指导。以查干淖尔一号井回风大巷 U36 型钢支架为基础，增加 1.0 m 反底拱形成封闭支架结构，型钢支架具体尺寸如图 5-2 所示。

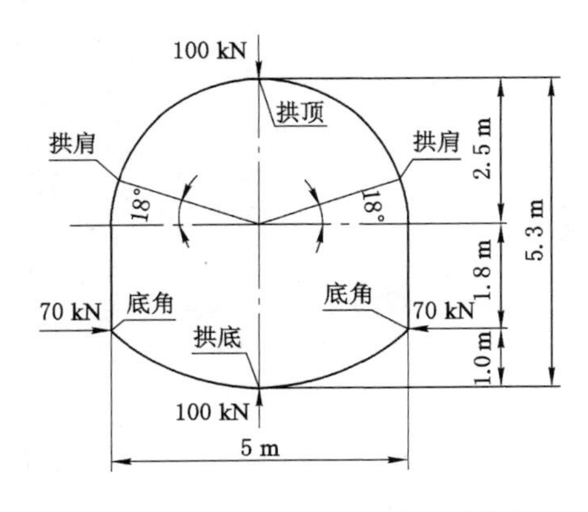

图 5-2 支架具体尺寸及受力结构图

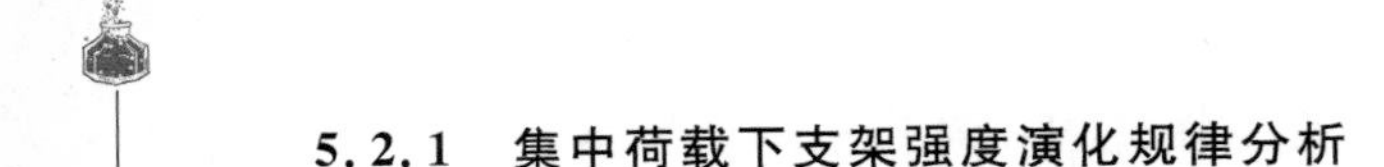

5.2.1 集中荷载下支架强度演化规律分析

根据支架弯矩力学解析，在支架顶底位置和两底角位置施加集中荷载作用。为获得支架强度演化一般规律，取顶底位置荷载 $F=100$ kN。考虑侧压系数 λ 的影响，取两底角位置集中荷载为 λF，支架力学模型如图 5-2 所示。结合 U36 型钢基本力学参数[183]（表 5-1），计算获得不同侧压系数下支架弯矩分布如图 5-3所示。

表 5-1　　U36 基本力学参数表

型号	理论质量 /(kg/m)	截面面积 /cm^2	中性轴位置 截面厚度/cm	惯性矩 /cm^4	弹性模量 /GPa	截面模量 /cm^3	静矩 /cm^3
U36	35.87	45.69	1.56	928.65	200	141.22	330.05

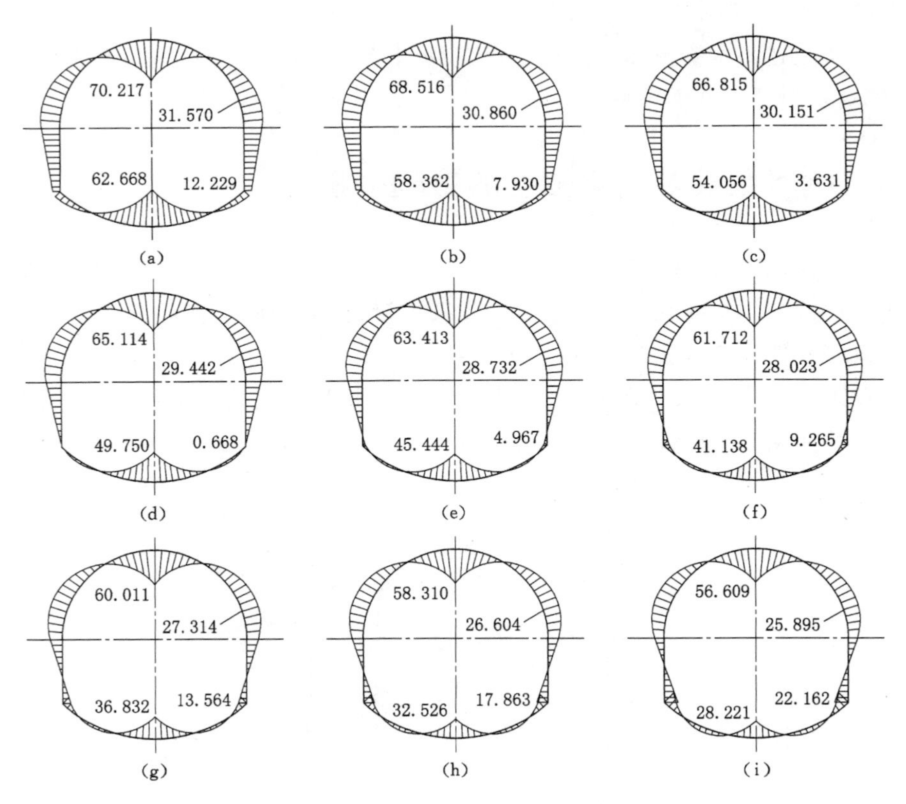

图 5-3　集中荷载不同侧压系数下支架弯矩分布图

(a) $\lambda=0.6$；(b) $\lambda=0.7$；(c) $\lambda=0.8$；(d) $\lambda=0.9$；
(e) $\lambda=1.0$；(f) $\lambda=1.1$；(g) $\lambda=1.2$；(h) $\lambda=1.3$；(i) $\lambda=1.4$

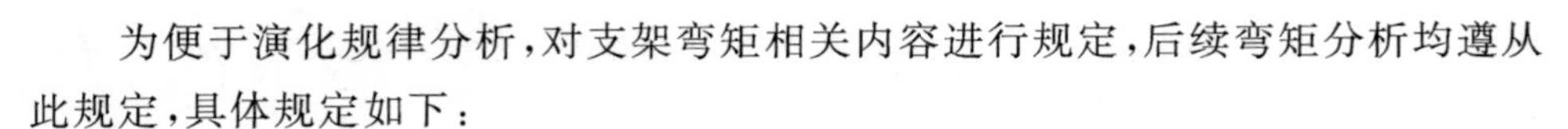

为便于演化规律分析，对支架弯矩相关内容进行规定，后续弯矩分析均遵从此规定，具体规定如下：

（1）仅选取弯矩数值较大的关键位置进行对比分析；

（2）支架关键位置的名称如图 5-2 所示；

（3）支架弯矩画在受拉侧；

（4）支架内侧弯矩符号为正，外侧弯矩符号为负；

（5）支架结构未改变时，拱基向上 18°位置弯矩较大，增加顶板横梁后顶板横梁与支架连接位置弯矩较大，因此定义支架结构未改变时，拱基向上 18°位置为支架拱肩位置，增加顶板横梁后横梁与支架连接位置为拱肩位置，如图 5-2 及图 5-18 所示；

（6）在后续的弯矩对比直方图中，只进行大小比较，以对支架强度进行量化，忽略弯矩正负号的影响。

支架拱顶、拱肩、底角、拱底关键部位弯矩数值统计见表 5-2，对应位置弯矩演化规律如图 5-4 所示。在集中荷载作用下，随侧压系数的增加，拱顶、拱底位置弯矩逐渐降低，拱肩、底角位置弯矩逐渐增加。对比四个位置弯矩演化速率，拱底位置弯矩演化速率最快，底角位置次之，拱肩位置弯矩演化速率最慢，可见，侧压系数的增加对支架下部影响较明显，即侧压系数的增加对拱底、底角位置弯矩影响较大，对拱顶、拱肩位置弯矩影响较小。拟合获得集中荷载下四个关键部位弯矩数值 M 与侧压系数 λ 之间的演化关系为：

表 5-2　集中荷载不同侧压系数下支架弯矩统计　kN·m

位置	侧压系数								
	0.6	0.7	0.8	0.9	1	1.1	1.2	1.3	1.4
拱顶	70.217	68.516	66.815	65.114	63.413	61.712	60.011	58.310	56.609
拱肩	−31.570	−30.860	−30.151	−29.442	−28.732	−28.023	−27.314	−26.604	−25.895
底角	−12.229	−7.93	−3.631	0.668	4.967	9.265	13.564	17.863	22.162
拱底	62.668	58.362	54.056	49.750	45.444	41.138	36.832	32.526	28.221

拱顶：$M_{拱顶}=-17.01\lambda+80.423$；拱肩：$M_{拱肩}=7.094\lambda-35.827$；

底角：$M_{底角}=42.989\lambda-38.023$；拱底：$M_{拱底}=-43.059\lambda+88.504$。

关键部位弯矩强度对比直方图如图 5-5 所示。对比同一侧压系数下弯矩演化规律，拱顶位置弯矩最大，拱底次之，拱肩和底角位置弯矩较小。可以看出，随着荷载的增加，支架拱顶、拱底位置将最先达到屈服极限发生失稳破坏，即拱顶、拱底位置为支架破坏的主要弱面，在有效提高拱顶、拱底强度的前提下，支架整

体强度将得到明显改善。因此，针对该弯矩分布规律，采取措施加固顶底拱位置是提高支架整体强度的关键。

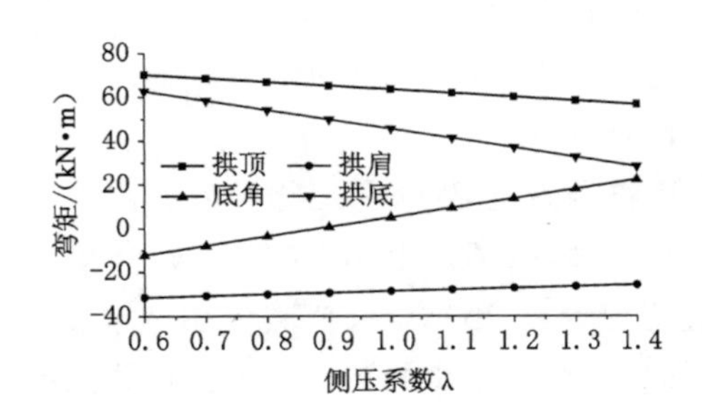

图 5-4　集中荷载不同侧压系数下弯矩演化规律图

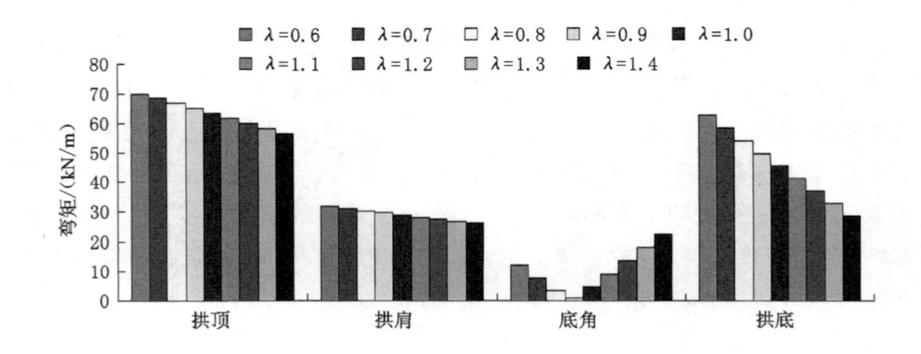

图 5-5　集中荷载不同侧压系数下弯矩强度对比图

5.2.2　均布荷载下支架强度演化规律分析

为获得均布荷载下支架强度演化规律，取支架周边受均布荷载 P 的作用，简化荷载受力形式，只考虑支架帮部受侧压系数 λ 的影响，即两帮所受均布荷载为 λP，与上节集中荷载计算一致，选取均布荷载 $P=100$ kN/m，支架具体受力结构如图 5-6 所示，通过计算获得不同侧压系数下弯矩分布如图 5-7 所示。通过分析发现，随着侧压系数的增大，拱肩位置弯矩较小，但拱基下方 0.3 m 位置弯矩逐渐增大，且逐渐增长为最大弯矩位置，因此选取支架关键部位拱顶、帮部（拱基下方 0.3 m 位置）、底角、拱底位置弯矩数值进行分析，具体弯矩数值见表 5-3，获得弯矩演化规律如图 5-8 所示。

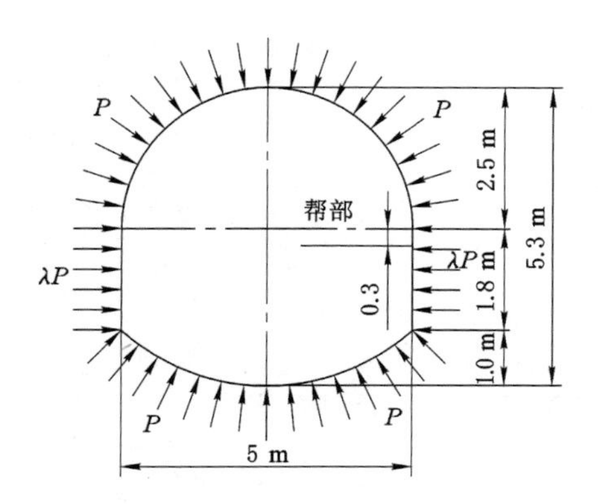

图 5-6　均布荷载下支架具体尺寸及受力状态图

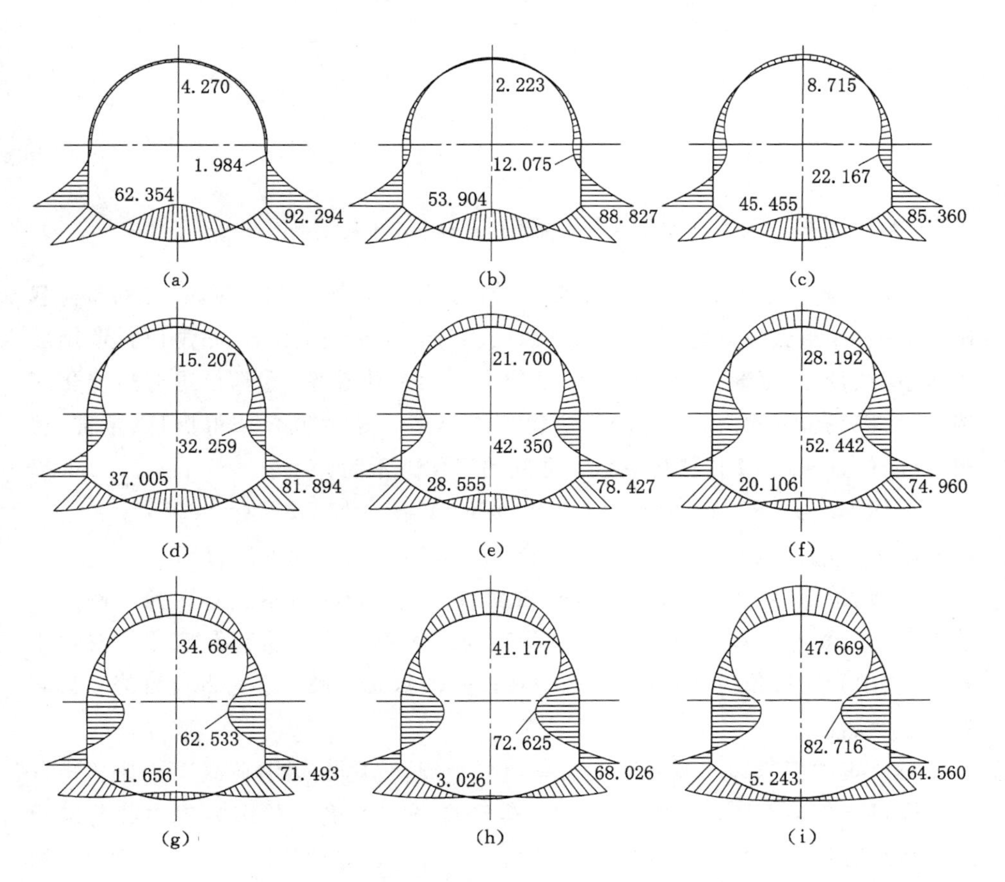

图 5-7　均布荷载不同侧压系数下支架弯矩分布图

(a) $\lambda=0.6$;(b) $\lambda=0.7$;(c) $\lambda=0.8$(d) $\lambda=0.9$;

(e) $\lambda=1.0$;(f) $\lambda=1.1$;(g) $\lambda=1.2$;(h) $\lambda=1.3$;(i) $\lambda=1.4$

表 5-3　均布荷载不同侧压系数下支架弯矩统计　kN·m

位置	侧压系数								
	0.6	0.7	0.8	0.9	1	1.1	1.2	1.3	1.4
拱顶	4.27	−2.223	−8.715	−15.207	−21.700	−28.192	−34.684	−41.177	−47.669
帮部	1.984	12.075	22.167	32.259	42.350	52.442	62.533	72.625	82.716
底角	−92.294	−88.827	−85.36	−81.894	−78.427	−74.960	−71.493	−68.026	−64.560
拱底	62.354	53.904	45.455	37.005	28.555	20.106	11.656	3.026	−5.243

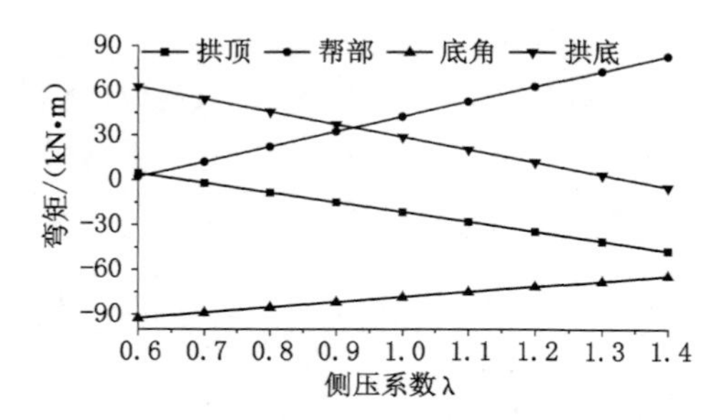

图 5-8　均布荷载不同侧压系数下弯矩演化规律图

对比不同侧压系数下拱顶、帮部、底角、拱底位置弯矩演化规律，在均布荷载作用下拱顶、拱底位置弯矩随侧压系数的增加逐渐降低，帮部、底角位置弯矩随侧压系数的增加逐渐增加。比较四处位置弯矩演化速率，帮部位置弯矩演化速率最快，拱底位置次之，底角位置演化速率最慢。通过拟合获得拱顶、帮部、底角、拱底位置弯矩 M 与侧压系数 λ 之间的演化关系为：

拱顶：$M_{拱顶}=-64.924\lambda+43.224$；帮部：$M_{帮部}=100.915\lambda-58.565$；

底角：$M_{底角}=34.668\lambda-113.095$；拱底：$M_{拱底}=-84.496\lambda+113.052$。

拱顶、帮部、底角、拱底位置弯矩强度对比如图 5-9 所示。对比同一侧压系数下不同位置弯矩数值可以看出，在均布荷载作用下支架帮部和底角位置弯矩较大，拱顶和拱底位置弯矩稍小，确定在该受力状态下底角和帮部位置为支架破坏的主要弱面。

对比集中荷载和均布荷载支架弯矩分布规律，确定集中荷载下支架弯矩分布与现场支架破坏状况较接近，因此，确定现场支架受力状态为集中载荷较合理。后续分析将在集中荷载作用下研究支架结构改进对其强度的影响规律。结合支架弯矩随侧压系数的演化规律，同时为获得支架结构改进时其强度演化的一般规律，选取侧压系数 0.7 对后续支架进行弯矩计算，以期为不同地区支架结构选取提供普遍指导意义。

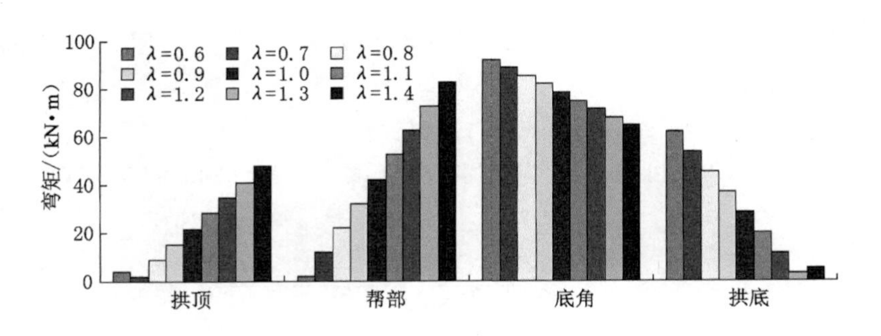

图 5-9 均布荷载不同侧压系数下弯矩强度对比图

5.3 改进结构对支架强度的影响分析

随着支架结构的改进，支架强度将发生变化，支架强度的改变主要表现为相同荷载下弯矩数值的增减，因此，以支架弯矩数值的改变作为定量评价支架强度的依据。参考查干淖尔一号井回风大巷具体参数，以如图 5-2 所示的封闭支架为原始支架，设该支架拱顶、拱肩、底角、拱底强度均为 1，改进结构支架弯矩与该支架对应位置弯矩数值对比获得改进结构强度系数，即：

$$Q=\left|\frac{M}{M_0}\right| \tag{5-12}$$

式中 Q——支架强度；

M——改进结构后支架弯矩数值；

M_0——原始封闭支架弯矩数值。

5.3.1 改变底拱高度对支架强度的影响规律分析

由于现场底鼓破坏最为严重，首先分析改变底拱高度对支架强度的影响。根据现场巷道具体尺寸，分别选取 h=0.6 m、0.8 m、1.0 m、1.2 m、1.4 m 高度底拱，根据已确定的支架受力状态，在顶底拱位置施加集中荷载 100 kN、两底角位置施加集中荷载 70 kN 进行计算，获得具体支架结构及其力学模型如图 5-10 所示。计算获得支架弯矩分布如图 5-11 所示；选取拱顶、拱肩、底角、拱底位置弯矩进行分析，具体弯矩数值见表 5-4；获得弯矩演化规律如图 5-12 所示。

对比不同底拱高度拱顶、拱肩、底角、拱底位置弯矩演化规律，随底拱高度的增加，拱顶、拱底弯矩逐渐降低，拱肩、底角弯矩逐渐增加，其中拱底位置弯矩演化速率最快，底角位置次之，拱顶和拱肩位置弯矩演化速率较慢。可以看出，底拱高度的增加对拱底位置强度影响较大，对底角位置影响次之，对拱顶和拱肩位置强度影响较小，则增加底拱高度有利于抵抗底板岩层的膨胀变形，

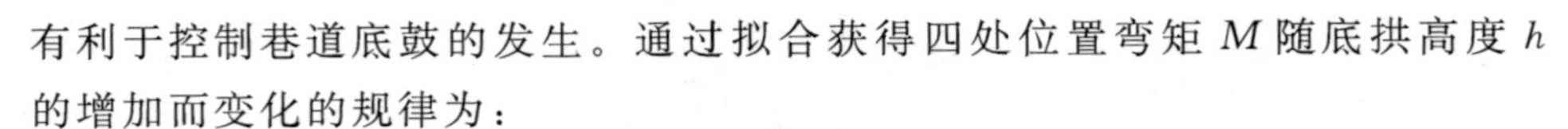
有利于控制巷道底鼓的发生。通过拟合获得四处位置弯矩 M 随底拱高度 h 的增加而变化的规律为：

拱顶：$M_{拱顶}=-6.985h+75.112$；拱肩：$M_{拱肩}=5.91h-36.971$；

底角：$M_{底角}=25.111h-32.963$；拱底：$M_{拱底}=-26.024h+85.767$。

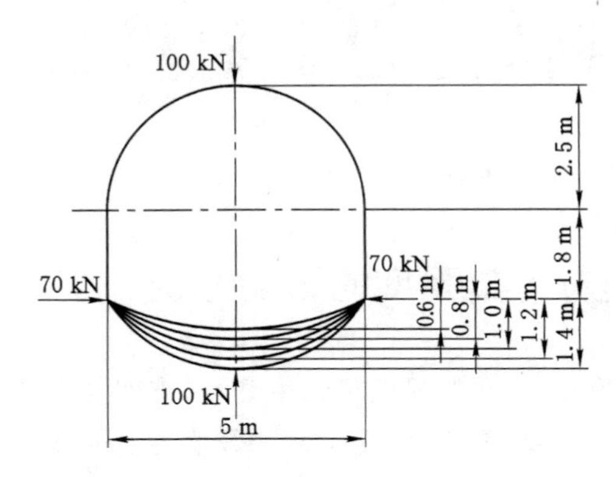

图 5-10　不同底拱高度支架尺寸及受力状态图

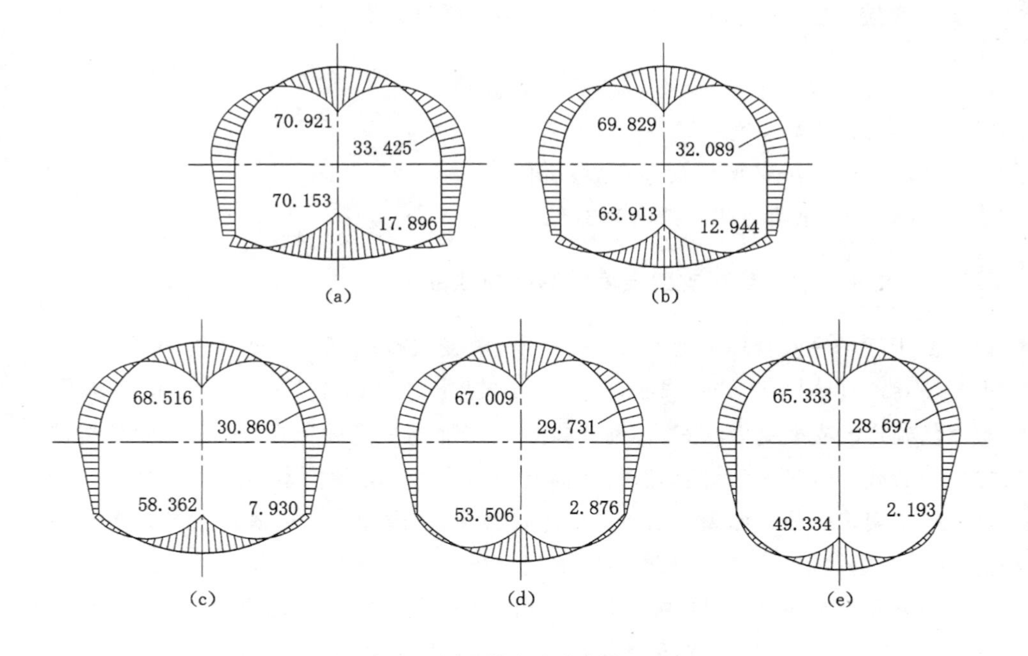

图 5-11　不同底拱高度支架弯矩分布图

(a) $h=0.6$ m；(b) $h=0.8$ m；(c) $h=1.0$ m；(d) $h=1.2$ m；(e) $h=1.4$ m

表 5-4　　不同底拱高度支架弯矩统计　　kN·m

位置	底拱高度/m				
	0.6	0.8	1	1.2	1.4
拱顶	70.921	69.829	68.516	67.009	65.333
拱肩	−33.425	−32.089	−30.86	−29.731	−28.697
底角	−17.896	−12.944	−7.93	−2.876	2.193
拱底	70.153	63.913	58.362	53.506	49.334

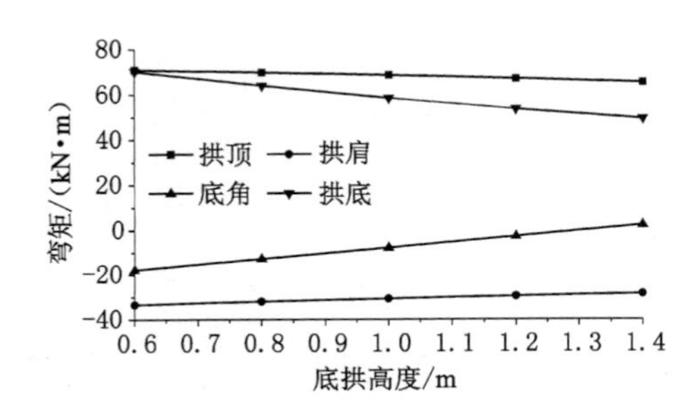

图 5-12　不同底拱高度下支架弯矩演化规律图

不同部位弯矩对比直方图如图 5-13 所示。可以看出，同一侧压系数下拱顶位置弯矩最大，拱底位置次之，再次为拱肩位置，底角位置弯矩最小，对应确定顶底拱位置为支架破坏的主要弱面。因此在现场生产中，针对该支架结构，可以通过在顶底板位置加打一定数量的锚杆、锚索进行补强，以有效降低支护结构危险截面应力，提高支护结构的整体稳定性，使得支护体的承载性能得以充分发挥。

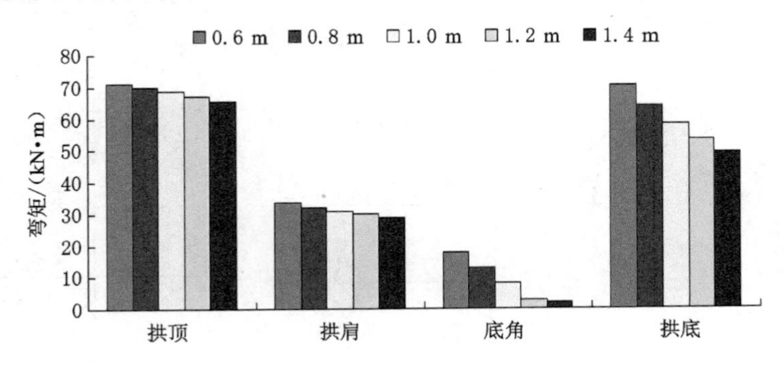

图 5-13　不同底拱高度下支架弯矩对比图

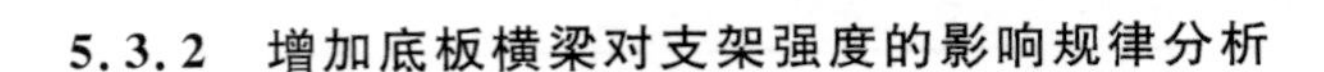

5.3.2 增加底板横梁对支架强度的影响规律分析

5.3.1 节分析了不同底拱高度下拱顶、拱底、拱肩以及底角位置弯矩演化规律。以 1 m 反底拱封闭支架为原始支架，在此基础上分别在距拱底 $h=0.2$ m、0.4 m、0.6 m、0.8 m、1.0 m 位置增加横梁，研究其对支架强度的影响，支架具体结构及受力状态如图 5-14 所示。经过计算，获得整体结构弯矩分布如图 5-15 所示，其中横梁所受弯矩较小，在此不进行分析，主要分析顶底拱位置、拱肩及底角位置弯矩演化规律，具体弯矩数值见表 5-5，获得弯矩演化规律如图 5-16 所示，弯矩对比直方图如图 5-17 所示。

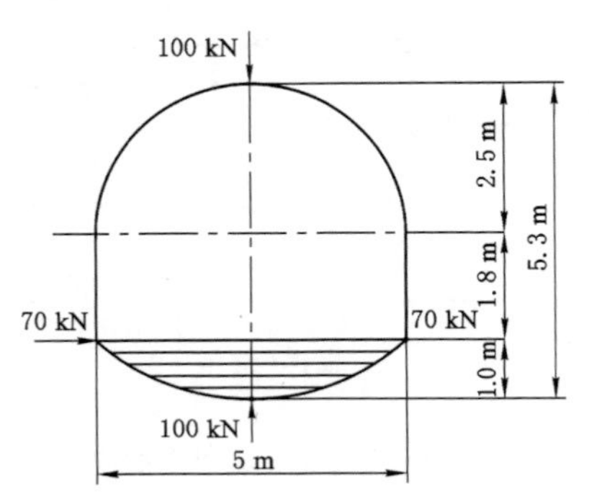

图 5-14　不同位置底板横梁支架结构及受力状态图

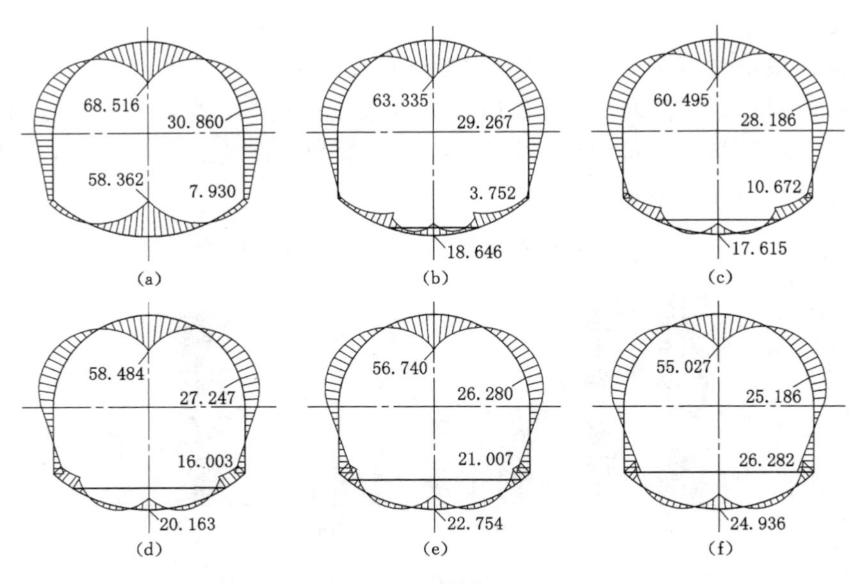

图 5-15　不同位置底板横梁支架弯矩分布图

(a) 原始状态；(b) $h=0.2$ m；(c) $h=0.4$ m；(d) $h=0.6$ m；(e) $h=0.8$ m；(f) $h=1$ m

表 5-5　　不同位置底板横梁支架弯矩统计　　kN·m

位置	底板横梁高度/m						弯矩对比		
	原始	0.2	0.4	0.6	0.8	1.0	原始/0.2 m	原始/1.0 m	0.2 m/1.0 m
拱顶	68.516	63.335	60.495	58.484	56.740	55.027	1.082	1.245	1.151
拱肩	−30.860	−29.267	−28.186	−27.247	−26.280	−25.186	1.054	1.225	1.162
底角	−7.930	3.752	10.672	16.003	21.007	26.282	2.114	0.302	0.143
拱底	58.362	18.646	17.615	20.163	22.754	24.936	3.130	2.340	0.748

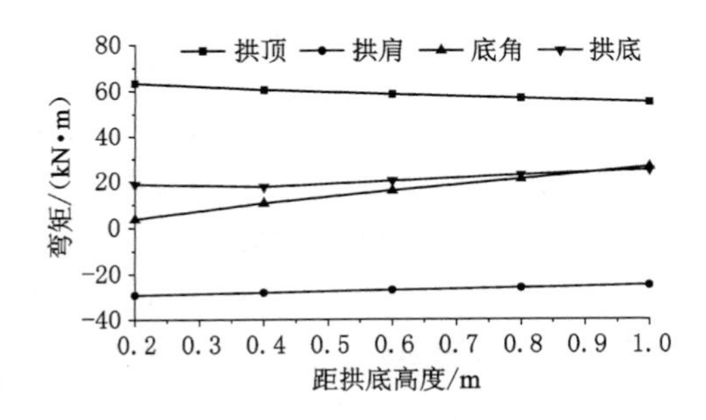

图 5-16　不同位置底板横梁支架弯矩演化规律图

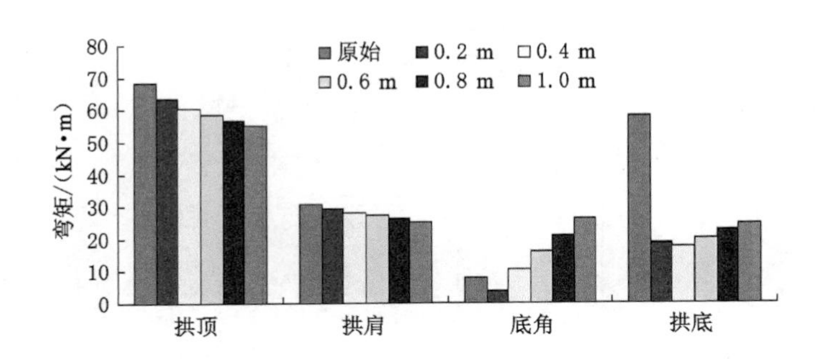

图 5-17　不同位置底板横梁支架弯矩对比图

对比支架弯矩演化规律，随横梁距拱底高度的增加，拱顶弯矩逐渐降低，底角、肩部弯矩逐渐增加，拱底位置弯矩在 $h<0.4$ m 时随 h 的增加逐渐降低，但降低幅度不大，之后随 h 的增加逐渐增加。

与原始支架对比分析，原始状态下拱底和拱顶位置弯矩较大，为巷道失稳的主要弱面，增加底板横梁后，拱底位置得到加强，弯矩明显降低，增加 0.2 m 高

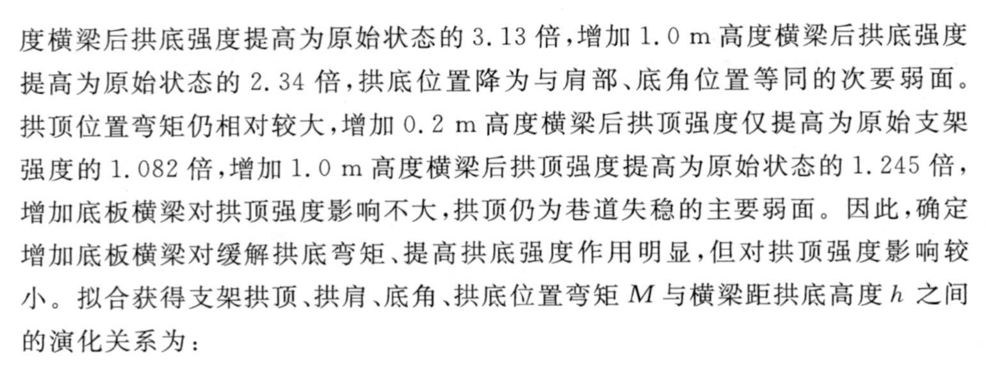

度横梁后拱底强度提高为原始状态的3.13倍，增加1.0 m高度横梁后拱底强度提高为原始状态的2.34倍，拱底位置降为与肩部、底角位置等同的次要弱面。拱顶位置弯矩仍相对较大，增加0.2 m高度横梁后拱顶强度仅提高为原始支架强度的1.082倍，增加1.0 m高度横梁后拱顶强度提高为原始状态的1.245倍，增加底板横梁对拱顶强度影响不大，拱顶仍为巷道失稳的主要弱面。因此，确定增加底板横梁对缓解拱底弯矩、提高拱底强度作用明显，但对拱顶强度影响较小。拟合获得支架拱顶、拱肩、底角、拱底位置弯矩M与横梁距拱底高度h之间的演化关系为：

拱顶：$M_{拱顶}=-14.539h+69.566$；拱肩：$M_{拱肩}=5.034h-30.254$；

底角：$M_{底角}=39.428h-13.146$；拱底：$M_{拱底}=29.064h^2-20.086h+21.375$。

5.3.3 增加顶板横梁对支架强度的影响规律分析

以1 m反底拱封闭支架为原始支架，在此基础上分别在距拱顶$h=0.4$ m、0.6 m、0.8 m、1.0 m、1.2 m、1.4 m、1.6 m、1.8 m位置增加顶板横梁，对比支架弯矩分布，研究其对支架强度的影响，支架具体结构及受力状态如图5-18所示，计算获得不同支架弯矩分布如图5-19所示。由于横梁弯矩较小，在此不进行分析，主要分析不同横梁位置对支架强度的影响，同样选取顶底拱位置、拱肩及底角位置弯矩进行分析，具体弯矩数值见表5-6，获得弯矩演化规律如图5-20所示，弯矩对比直方图如图5-21所示。

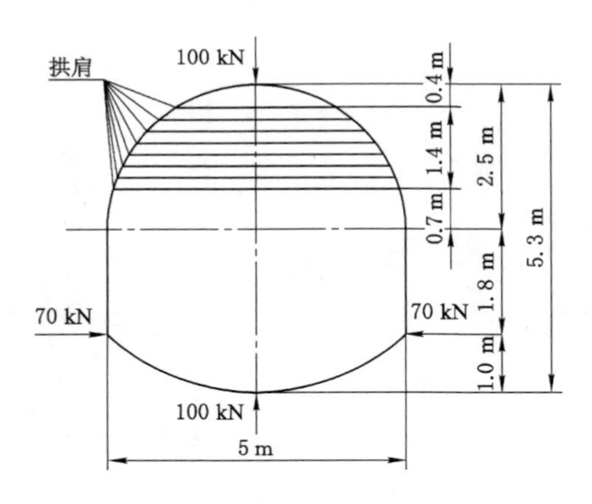

图5-18　不同位置顶板横梁支架结构及受力状态图

通过分析发现，随着h的增加，拱顶位置弯矩逐渐增加，拱肩、拱底位置弯矩逐渐降低，底角位置弯矩变化不大。对应获得顶板横梁越往上，拱顶弯矩越小，拱肩、拱底弯矩越大；顶板横梁越往下，拱顶弯矩越大，拱肩、拱底弯矩越小。

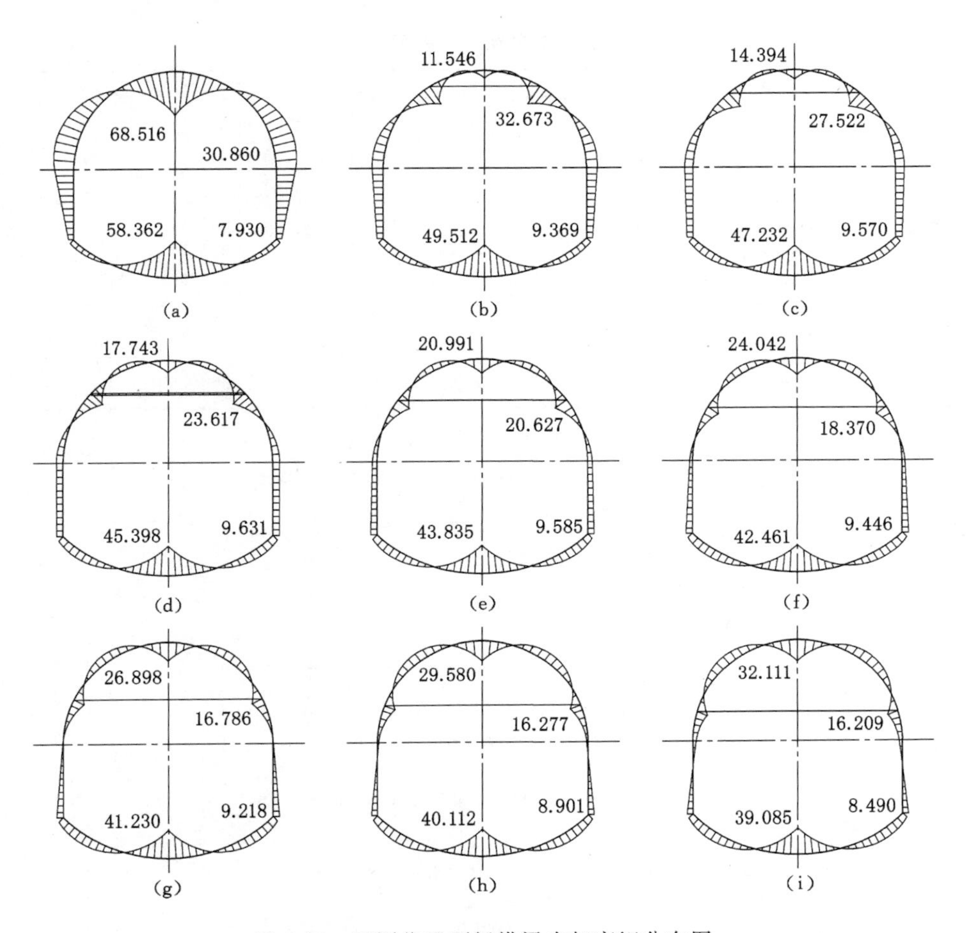

图 5-19　不同位置顶板横梁支架弯矩分布图

(a) 原始状态；(b) $h=0.4$ m；(c) $h=0.6$ m；(d) $h=0.8$ m；

(e) $h=1.0$ m；(f) $h=1.2$ m；(g) $h=1.4$ m；(h) $h=1.6$ m；(i) $h=1.8$ m

与原始支架对比分析，原始状态下拱顶和拱底位置弯矩数值较大，为支架破坏的主要弱面，增加顶板横梁后，拱顶弯矩大幅降低，拱顶位置得到明显加强，在横梁距拱顶 0.4 m、1.8 m 时拱顶强度分别提高为原始状态的 5.934 倍、2.134 倍，拱顶位置降低为与肩部、底角位置等同的次要弱面，但拱底位置弯矩仍较大。在横梁距拱顶 0.4 m、1.8 m 时拱底强度分别提高为原始状态的 1.179 倍、1.493 倍，拱底位置仍未支架失稳的主要弱面。因此确定顶板横梁对缓解拱顶弯矩、提高拱顶强度作用明显，但对拱底强度影响较小。拟合获得拱顶、拱肩、底角、拱底位置弯矩 M 随横梁距拱顶高度 h 的增加其演化规律为：

拱顶：$M_{拱顶}=14.689h+5.67$；拱肩：$M_{拱肩}=10.384h^2-34.405h+44.611$；

底角：$M_{底角}=0.647h-9.988$；拱底：$M_{拱底}=-7.448h+52.491$。

表 5-6　不同位置顶板横梁支架弯矩统计　kN·m

位置	顶板横梁高度/m									弯矩对比	
	原始	0.4	0.6	0.8	1.0	1.2	1.4	1.6	1.8	原始/0.4	原始/1.8
拱顶	68.516	11.546	14.394	17.743	20.991	24.042	26.898	29.580	32.111	5.934	2.134
拱肩	−30.860	32.673	27.522	23.617	20.627	18.370	16.786	16.277	16.209	0.945	1.904
底角	−7.930	−9.369	−9.570	−9.631	−9.585	−9.446	−9.218	−8.901	−8.490	0.846	0.934
拱底	58.362	49.512	47.232	45.398	43.835	42.461	41.230	40.112	39.085	1.179	1.493

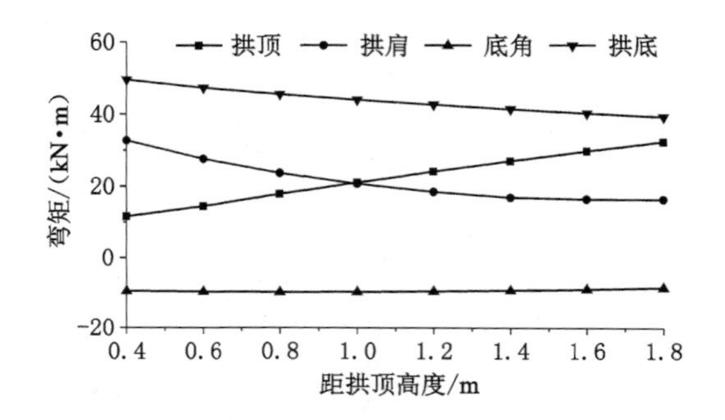

图 5-20　不同位置顶板横梁支架弯矩演化规律图

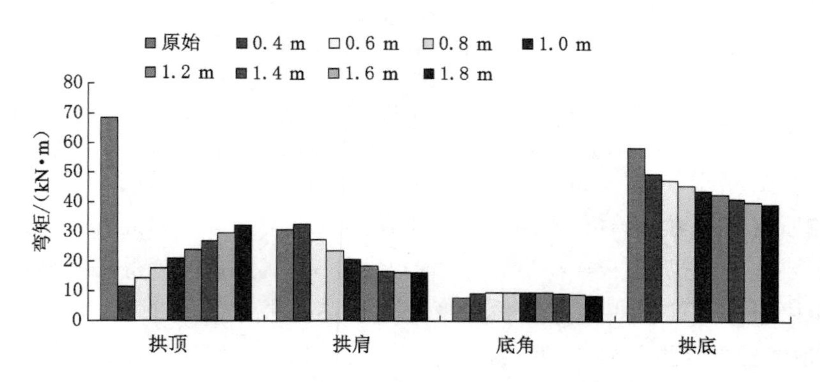

图 5-21　不同位置顶板横梁支架弯矩对比图

5.3.4　增加顶底板横梁对支架强度影响规律分析

为研究同时增加底板＋顶板横梁对支架强度的影响，以 1 m 反底拱封闭支架为原始支架，在此基础上分别在距拱顶和拱底 1.6 m＋1.0 m(结构 1)、0.8 m＋1.0 m(结构 2)、1.6 m＋0.5 m(结构 3)、0.8 m＋0.5 m(结构 4)位置同时增加顶底板横梁，分析支架弯矩演化规律，支架具体结构及受力状态如图5-22所示，获得不同支架弯矩分布如图5-23所示。由于横梁内弯矩较小，在此不进行分析。同样选取顶底拱位置、拱肩及底角位置弯矩数值进行分析，具体弯矩数值见表5-7，弯矩对比直方图如图5-24所示。

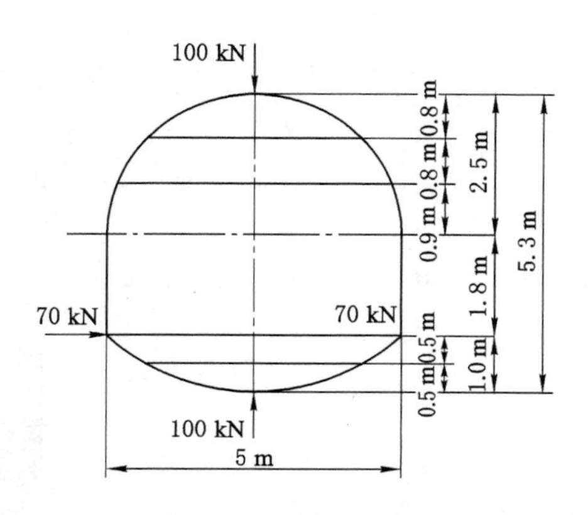

图5-22 不同位置顶底板横梁支架结构及受力状态图

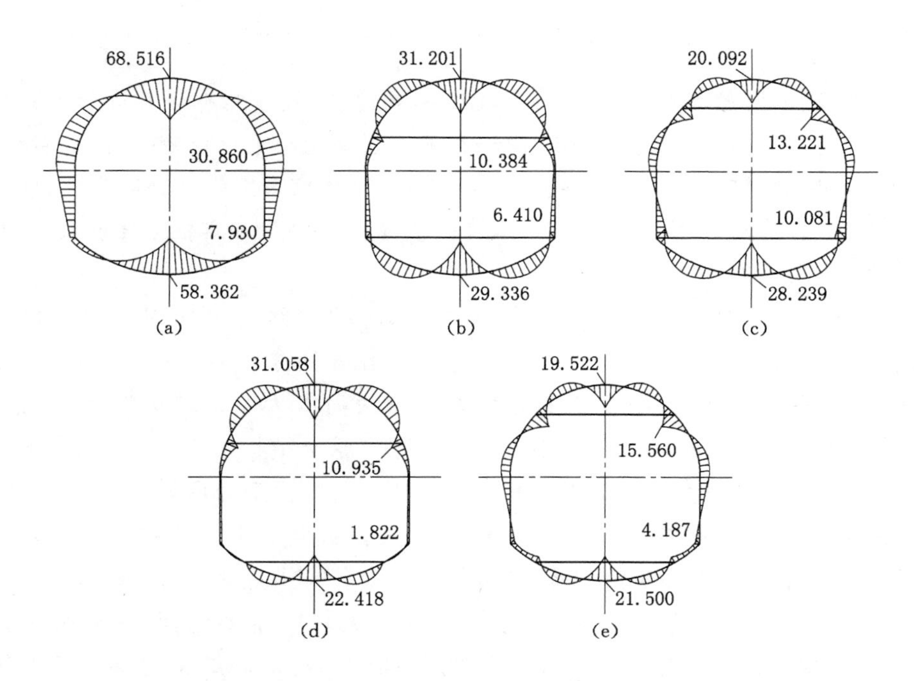

图5-23 不同位置顶底板横梁支架弯矩分布图

(a) 原始状态；(b) 结构1；(c) 结构2；(d) 结构3；(e) 结构4

表 5-7　　不同位置顶底板横梁支架弯矩统计　　kN·m

位置	不同顶底板横梁结构					结构强度			
	原始	结构 1	结构 2	结构 3	结构 4	结构 1	结构 2	结构 3	结构 4
拱顶	68.516	31.201	20.092	31.058	19.522	2.196	3.410	2.206	3.51
拱肩	−30.860	10.384	13.221	10.935	15.560	2.972	2.334	2.822	1.983
底角	−7.930	6.410	10.081	1.822	4.187	1.237	0.787	4.352	1.894
拱底	58.362	29.336	28.239	22.418	21.500	1.989	2.067	2.603	2.715

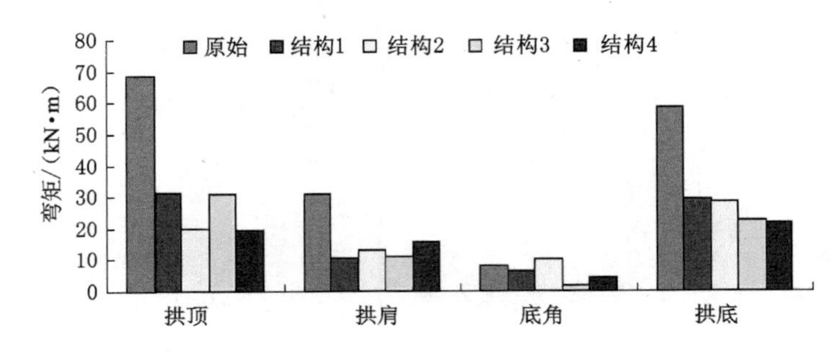

图 5-24　不同位置顶底横梁支架弯矩对比图

对比四个位置弯矩数值，其演化无明显规律性，故在此不对其进行规律总结，只进行强度比较。对比原始结构与四种加固结构弯矩计算结果，可以看出，增加顶底板横梁后拱顶、拱底弯矩降低幅度最大，拱肩弯矩降低幅度次之，底角弯矩降低幅度最小。由于底角弯矩本身较小，构不成支架破坏的主要弱面，在此不做重点分析。

原始结构与四种加固方案对比分析可以发现，结构 1 加固状态下拱顶强度为原始结构的 2.196 倍，拱肩强度为原始结构的 2.972 倍，拱底强度为原始结构的 1.989 倍；结构 2 加固状态下拱顶强度为原始结构的 3.41 倍，拱肩强度为原始结构的 2.334 倍，拱底强度为原始结构的 2.067 倍；结构 3 加固状态下拱顶强度为原始结构的 2.206 倍，拱肩强度为原始结构的2.822 倍，拱底强度为原始结构的 2.603 倍；结构 4 加固状态下拱顶强度为原始结构的 3.51 倍，拱肩强度为原始结构的 1.983 倍，拱底强度为原始结构的 2.715倍。由于顶底拱位置弯矩较大，为支架破坏的主要弱面，相对来说拱肩位置弯矩较小，为支架破坏的次要弱面，同时四种加固结构肩部位置弯矩数值相差不大，因此主要根据顶底拱位置弯矩改变来确定支架的整体加固效果。可以看出，四种结构中，结构 4 顶底拱弯矩最小，支架强度最高，即靠近拱顶和拱底位置的顶底板横梁加固方案支架强度最高，加固效果最好。

四种结构加固效果总体上相差不大。结构 1 和结构 3、结构 2 和结构 4 比较可以发现，上部横梁位置相同、下部横梁位置变化时，上拱肩及拱顶位置弯矩几乎不变，自上横梁往下开始出现明显偏差；结构 1 和结构 2、结构 3 和结构 4 比较可以发现，在底板横梁位置相同、顶板横梁位置变化时，自下横梁往上开始出现明显偏差，拱底弯矩有轻微影响，但影响不大，即在顶板横梁不变的条件下，底板横梁的变化对拱顶强度几乎没有影响，在底板横梁不变的条件下，顶板横梁的变化对拱底强度几乎没有影响。

5.3.5 顶底拱加强结构对支架强度影响规律分析

在 5.3.4 节分析的支架结构 1 的基础上，对支架内部结构再进行加强，获得 9 种复杂支架结构，相同位置尺寸参数一致，其中较复杂的 3 种结构形式及受力状态如图 5-25 所示，图 5-25(c)为在横梁与顶底拱之间增加竖撑进行加固，其余结构皆在此三种结构的基础上减少加固条件获得。计算获得 9 种支架弯矩分布如图 5-26 所示，支架拱顶、拱肩、底角、拱底位置弯矩数值见表 5-8，弯矩对比直方图如图 5-27 所示，计算获得 4 处位置强度系数见表 5-9。

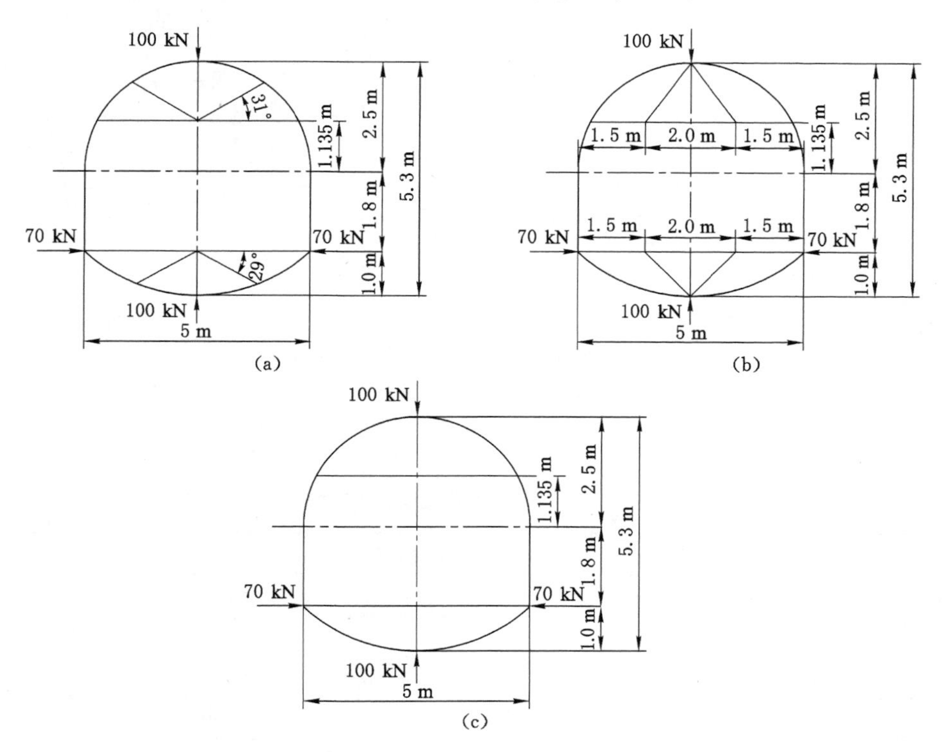

图 5-25　不同顶底拱加固结构及其受力状态图

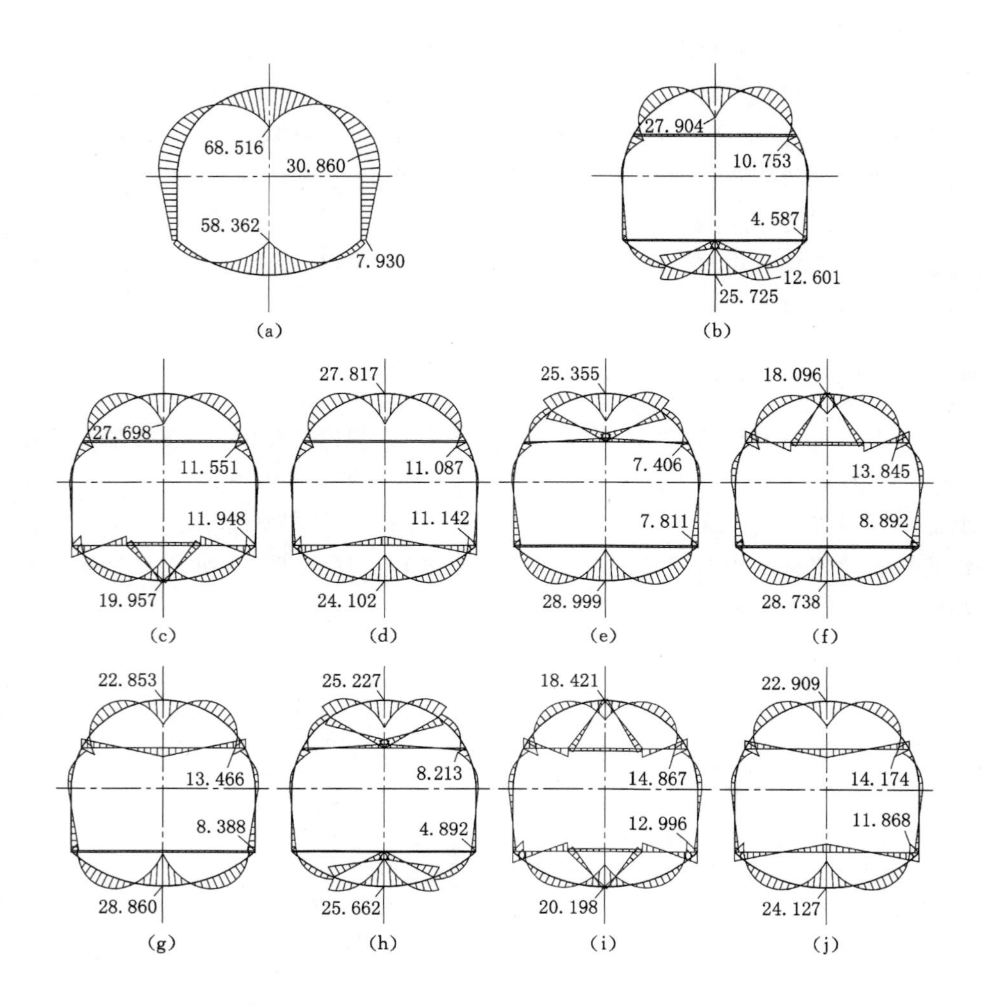

图 5-26　不同顶底拱加固结构支架弯矩分布图

(a) 原始状态；(b) 结构 1；(c) 结构 2；(d) 结构 3；(e) 结构 4；
(f) 结构 5；(g) 结构 6；(h) 结构 7；(i) 结构 8；(j) 结构 9

表 5-8　　不同顶底拱加固结构支架弯矩统计　　kN·m

位置	原始结构	不同加固结构								
		结构 1	结构 2	结构 3	结构 4	结构 5	结构 6	结构 7	结构 8	结构 9
拱顶	68.516	27.904	27.698	27.817	25.355	18.096	22.853	25.227	18.421	22.909
拱肩	−30.860	10.753	11.551	11.087	7.406	13.845	13.466	8.213	14.867	14.174
底角	−7.930	4.587	11.948	11.142	7.811	8.892	8.388	4.892	12.996	11.868
拱底	58.362	25.725	19.957	24.102	28.999	28.738	28.860	25.662	20.198	24.127

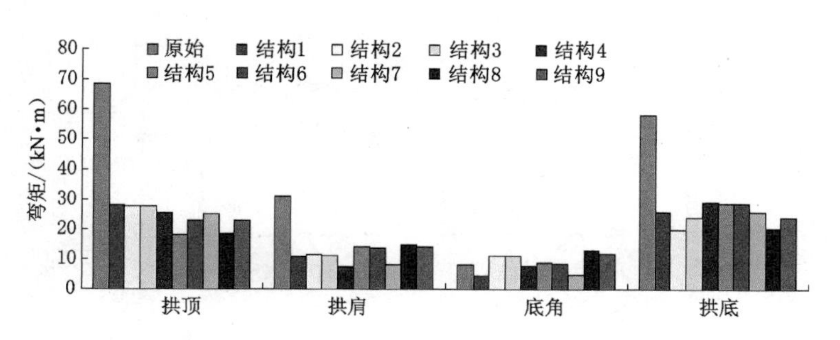

图 5-27　不同顶底拱加固结构支架弯矩对比图

表 5-9　　不同顶底拱加固结构支架强度对比表

位置	原始结构	不同加固结构								
		结构 1	结构 2	结构 3	结构 4	结构 5	结构 6	结构 7	结构 8	结构 9
拱顶	1	2.455	2.474	2.463	2.702	3.786	2.998	2.716	3.719	2.991
拱肩	1	2.870	2.672	2.783	4.167	2.229	2.292	3.757	2.076	2.177
底角	1	1.729	0.664	0.712	1.015	0.892	0.945	1.621	0.610	0.668
拱底	1	2.269	2.924	2.421	2.013	2.031	2.022	2.274	2.889	2.419

顶底拱进一步加固后，与原始支架对比分析可以看出，拱顶、拱底、拱肩位置弯矩降低较明显，由于加固后的支架拱肩、底角位置弯矩相对顶底拱位置均较小，并非支架破坏的主要弱面，因此，忽略该两位置对支架强度的影响，在此主要根据拱顶和拱底强度的提高程度对改进支架强度进行评价。对比可以看出，结构 5 顶拱中的倒“V”形结构对拱顶的加固效果最好，加固后拱顶强度提高为原始状态强度的 3.786 倍；结构 2 底拱内的正“V”形结构对拱底的加固效果最好，加固后拱底强度提高为原始结构强度的 2.924 倍；结构 8 中的底拱正“V”＋顶拱倒“V”组合加固结构对顶底拱的整体加固效果最好，经加固后拱顶强度提高为原始强度的 3.719 倍，拱底强度提高为原始强度的 2.889 倍，对应获得结构 8 对支架的整体加固效果最好，支架强度最高。

5.3.6　不同改进结构对支架强度的影响规律分析

前面几节分析了支架内部结构改变对其强度的影响，本节主要进行纵向比较，以便直观获得结构改变后支架强度的提高程度。在前述分析的基础上，选取 7 种支架结构进行对比，具体支架结构及其弯矩分布如图 5-28 所示；支架受集中荷载作用，具体尺寸参数及受力状态与前述分析相一致，支架拱顶、拱肩、底角、拱底位置弯矩统计见表 5-10；支架弯矩对比直方图如图 5-29 所示。计算获得 4 处位置支架强度系数见表 5-11。

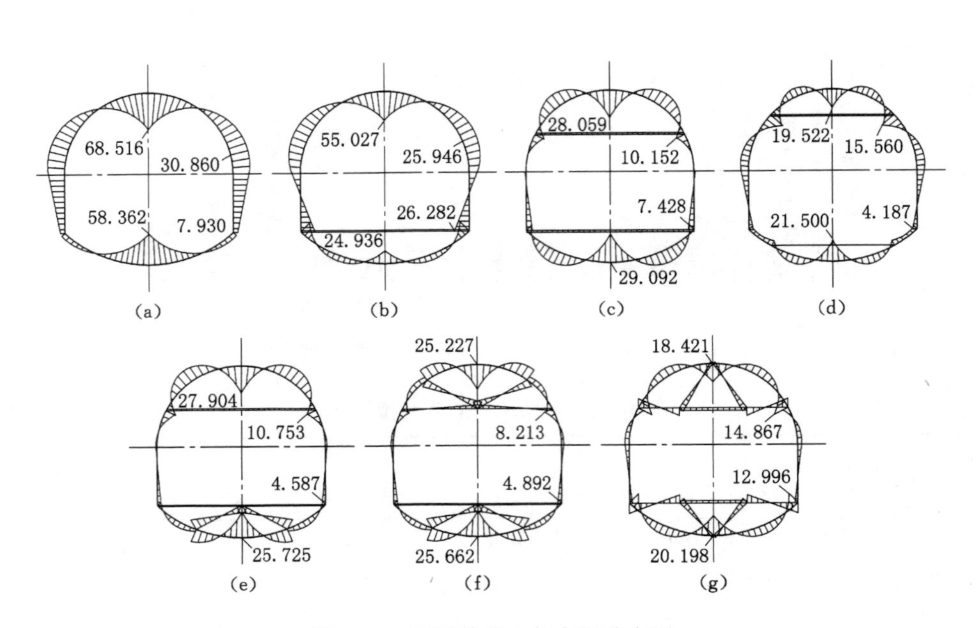

图 5-28　不同结构支架弯矩分布图

(a) 原始结构;(b) 结构 1;(c) 结构 2;(d) 结构 3;(e) 结构 4;(f) 结构 5;(g) 结构 6

表 5-10　不同结构支架弯矩统计　kN·m

位置	原始结构	不同加固结构					
		结构 1	结构 2	结构 3	结构 4	结构 5	结构 6
拱顶	68.516	55.027	28.059	19.522	27.904	25.227	18.421
拱肩	−30.860	−25.946	10.152	15.560	10.753	8.213	14.867
底角	−7.930	26.282	7.428	4.187	4.587	4.892	12.996
拱底	58.362	24.936	29.092	21.500	25.725	25.662	20.198

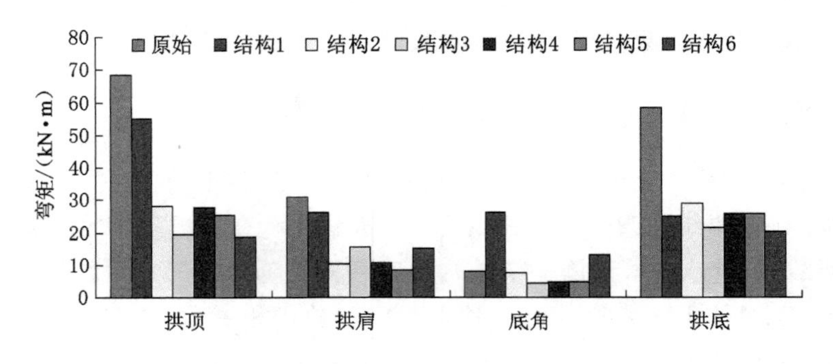

图 5-29　不同结构支架弯矩对比图

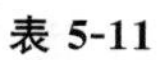

表 5-11　　不同结构支架强度系数

位置	原始结构	不同加固结构					
		结构 1	结构 2	结构 3	结构 4	结构 5	结构 6
拱顶	1	1.245	2.442	3.510	2.455	2.716	3.719
拱肩	1	1.189	3.040	1.983	2.870	3.757	2.076
底角	1	0.302	1.068	1.894	1.729	1.621	0.610
拱底	1	2.340	2.006	2.715	2.269	2.274	2.889

改进结构后支架拱肩、底角位置弯矩较顶底拱弯矩数值要小，为结构破坏的次要弱面，在此不予考虑，主要根据顶底拱强度的提高程度来确定结构改进效果，对比不同结构弯矩数值及其强度系数，获得主要结论如下：

（1）结构 1 中增加底板横梁后底拱弯矩较原始结构明显降低，其拱底强度提高为原始支架的 2.34 倍，拱顶弯矩亦有所降低，但降低幅度不大，强度提高为原始支架的 1.245 倍，则增加底板横梁对底拱强度影响较大，其强度提高明显。

（2）结构 2 中增加顶底板横梁后顶底拱弯矩明显降低，顶底拱强度明显提高，其拱顶强度提高为原始支架的 2.442 倍，拱底强度提高为原始支架的 2.006 倍。与仅增加底板横梁时支架强度进行对比，拱顶强度提高为仅增加底板横梁时的 1.961 倍，拱底强度有所降低，其强度降为仅增加底板横梁加固时的0.857 倍。

（3）结构 3 为在结构 2 的基础上顶板横梁上移、底板横梁下移获得，较结构 2 顶底拱弯矩进一步降低，支架强度进一步提高，拱顶强度提高为原始支架的 3.51 倍，拱底强度提高为原始支架的 2.715 倍，顶底拱强度分别提高为结构 2 的 1.437 倍和 1.353 倍。

（4）结构 4、结构 5、结构 6 为在结构 2 的基础上分别在底拱范围内、顶底拱范围内增加斜撑进行加固。结构 2、结构 4、结构 5、结构 6 对比分析，加固后，结构 4 拱顶强度提高为结构 2 的 1.005 倍，拱底强度提高为结构 2 的 1.131 倍；结构 5 拱顶强度提高为结构 2 的 1.112 倍，拱底强度提高为结构 2 的 1.134 倍；结构 6 拱顶强度提高为结构 2 的 1.523 倍，拱底强度提高为结构 2 的 1.44 倍。可以看出，结构 6 中，在结构 2 基础上的底拱正“V”＋顶拱倒“V”组合加固结构对支架的加固效果较好，顶底拱弯矩明显降低，支架强度明显提高，而结构 4、结构 5 的整体强度较结构 2 提高不大。

（5）结构 3、结构 4、结构 5、结构 6 与原始支架对比，对应获得拱顶强度分别提高为原始状态的 3.51 倍、2.455 倍、2.716 倍、3.719 倍，拱底强度分别提高为原始状态的 2.715 倍、2.269 倍、2.274 倍、2.889 倍。结构 3、结构 6 对比分析，

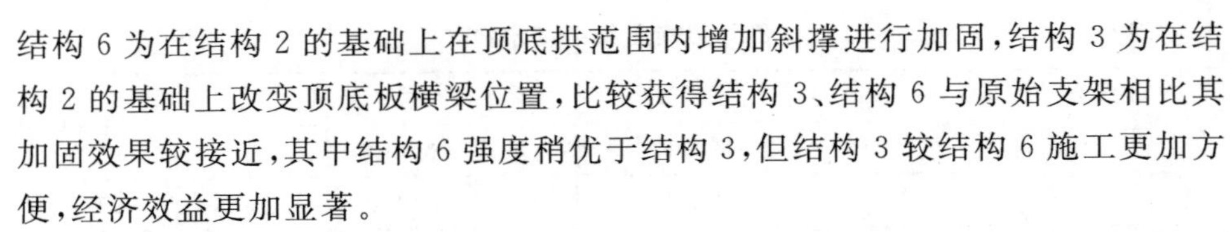

结构 6 为在结构 2 的基础上在顶底拱范围内增加斜撑进行加固，结构 3 为在结构 2 的基础上改变顶底板横梁位置，比较获得结构 3、结构 6 与原始支架相比其加固效果较接近，其中结构 6 强度稍优于结构 3，但结构 3 较结构 6 施工更加方便，经济效益更加显著。

(6) 整体分析可以看出，结构 6 对支架的加固效果最好，结构 3 次之，但考虑现场施工难易程度以及经济效益的影响，结构 3 加固方案优于结构 6，确定其为支架结构改进最优加固方案。

5.4 本章小结

本章结合现场巷道断面具体尺寸，对比分析了封闭 U36 型钢支架在集中荷载和均布荷载作用下弯矩分布规律，以及集中荷载下支架结构改进对其强度的影响规律，获得主要结论如下：

(1) 结合支架破坏形态，确定现场支架受到集中载荷作用，通过结构解析获得了集中荷载下截面弯矩计算公式。

(2) 获得了支架在集中荷载和均布荷载下支架弯矩随侧压系数的改变演化规律，通过对比验证了现场支架集中荷载受力状态的合理性。

(3) 在集中荷载作用下改变底拱高度，随底拱高度的增加，拱顶、拱底弯矩逐渐降低，拱肩、底角弯矩逐渐增加，其中拱底位置弯矩演化速率最快，底角位置次之，拱顶和拱肩位置弯矩演化速率较慢，确定底拱高度的增加对拱底强度影响较大，对底角强度影响次之，对拱顶和拱肩强度影响最小。

(4) 在集中荷载作用下 1 m 反底拱的基础上进一步改进支架结构，增加底板横梁后，随横梁距拱底高度的增加，拱顶弯矩逐渐降低，底角、肩部弯矩逐渐增加，拱底位置弯矩在 $h<0.4$ m 时随 h 的增加逐渐降低，但降低幅度不大，之后随 h 的增加逐渐增加；对比原始结构，确定增加底板横梁对缓解拱底弯矩、提高拱底强度作用明显，但对拱顶强度影响较小。

(5) 在顶拱范围内增加顶板横梁后，随与拱顶距离的增加，拱顶位置弯矩逐渐增加，拱肩、拱底位置弯矩逐渐降低，底角位置弯矩变化不大；对比原始结构，确定增加顶板横梁对缓解拱顶弯矩、提高拱顶强度作用明显，但对拱底强度影响较小。

(6) 增加顶底板横梁后，拱顶、拱底弯矩大幅降低，支架整体强度明显提高，改变顶底板横梁位置后，获得靠近顶底拱位置的顶底板横梁加固方案支架强度最高，加固效果最好。

(7) 在顶底板横梁的基础上对顶底拱范围进一步加固，获得顶拱正“V”+

底拱倒“V”组合加固结构对顶底的整体加固效果最好，经加固后拱顶强度提高为原始强度的 3.719 倍，拱底强度提高为原始强度的 2.889 倍。

（8）通过支架结构改进纵向比较，获得靠近顶底板位置的顶底板横梁加固结构、顶底板横梁＋底拱正“V”＋顶拱倒“V”组合加固结构对支架的整体加固效果较好，且两结构加固效果相差不大，考虑现场施工以及经济效益的影响，确定靠近顶底拱位置的顶底板横梁加固方案为最优加固形式，在该结构形式下，拱顶强度提高为原始状态的 3.51 倍，拱底强度提高为原始状态的 2.715 倍。

6 支架结构强度相似模拟试验研究

第5章主要对不同支架结构的弯矩分布进行了对比分析，获得了结构强度演化规律。为对比分析支架结构改进对其强度、刚度的影响规律，本章在第5章分析的基础上，结合钢结构缩尺模型试验[184-187]和相似模型试验，选取具有代表性的结构模型进行相似模拟试验研究，探讨结构的极限承载能力，变形失稳过程，应力、位移演化规律等内容，进一步对支架强度、刚度等力学性能进行测试，为现场支架选取提供依据。

6.1 试验目的及试验方案

6.1.1 试验目的

根据支架弯矩分析，获得了不同加固结构下支架弯矩分布规律，通过纵向比较获得了结构改进对其强度的影响规律。纵向比较得出，U36型钢支架增加底板横梁加固后，支架拱底弯矩得到明显降低，对应拱底强度得到明显提高；增加顶底板横梁加固后，拱顶、拱底弯矩均大幅降低，对应拱顶、拱底强度均得到明显提高；同时在顶底板横梁加固的基础上再对支架顶底拱范围进行加固，支架强度提高不明显。为定量获得不同结构的极限承载能力以及结构失稳相关特征，本章通过相似模拟试验的方法进行研究，分析不同支架结构的极限承载能力，不同支架结构失稳形态，分析不同支架结构应力、位移演化规律，以及随着支架结构改进其极限承载能力演化规律，对比在顶底板横梁加固的基础上再对顶底拱范围进行加固时支架强度演化规律，为现场支护方式的选择提供理论依据。

6.1.2 试验方案

根据试验目的，建立原始封闭结构模型、底板横梁加固模型、顶底板横梁加固模型，以及顶底拱范围进一步加固模型共5个支架模型进行试验研究。参考查干淖尔一号井回风大巷具体参数，确定支架具体结构及其尺寸如图6-1所示，同一位置尺寸参数相同，后续相同尺寸未标注。模型三中，为满足现场巷道使用高度要求，确定顶板横梁位于底板横梁上方 2.7 m 位置；模型四在模型三的基础上，在底拱范围内增加两个斜撑进行加固；模型五在模型四的基础上，在顶拱范围内增加两个斜撑进行加固。本章通过相似模拟试验的方法进行研究，采用水平方向和竖直方向双向同时加载的方式，测试模型水平方向和竖直方向的极限承载能力，分析模型应力、位移演化规律。

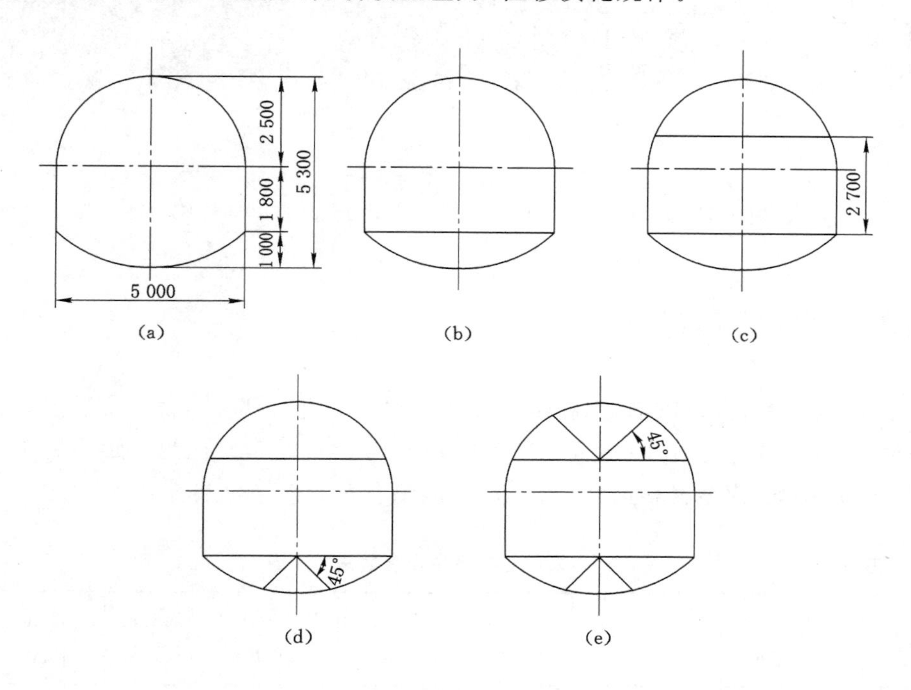

图 6-1　支架具体结构及原始尺寸参数

(a) 模型一；(b) 模型二；(c) 模型三；(d) 模型四；(e) 模型五

6.2　试验条件简介

该试验在北京建筑工程学院结构实验室进行，试验加载系统由空间可调整自平衡加载框架、一台 400 吨电液伺服作动器、一台 100 吨电液伺服作动器、一台三路输出的移动式电液伺服油源、一台 POP-M 型多通道控制器组成，可以实现两台作动器同步加载，完成弹性支架等结构件的加载、保载以及卸载等常规试验，具体加载系统如图 6-2 所示，其中，两台作动器的具体参数为：① 400 吨电液伺服作动器的最大推力为 4 000 kN，最大位移为 400 mm；② 100 吨电液伺服作动器的最大试验力为±1 000 kN，最大位移为 500 mm。

(a)

(b)

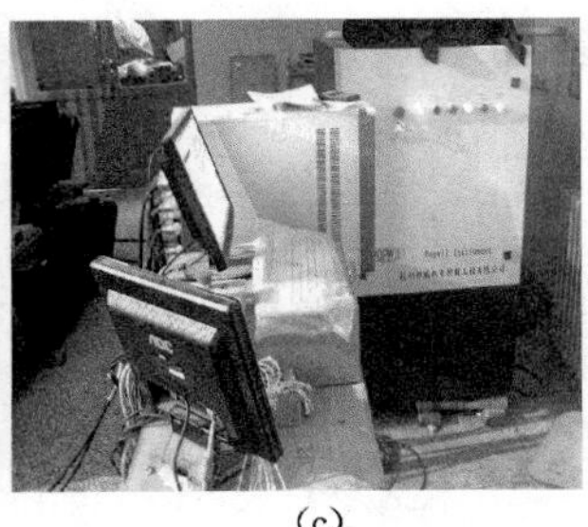

(c)

图 6-2　液压控制加载系统

(a) 100 吨电液伺服作动器；(b) 400 吨电液伺服作动器；(c) POP-M 型多通道控制器

6.3　试验具体设计

由于实验室条件限制，无法建立实际尺寸模型进行试验。根据实验室具体条件，结合现场巷道具体尺寸，确定几何相似比 $C_l=2.5$，对比第 5 章中的 U36 型钢具体参数，模型材料选用 12.6 工字钢，具体材料参数见表 6-1。

表 6-1　　12.6 工字钢基本参数表

型号	理论质量 /(kg/m)	截面面积 /cm²	中性轴位置 截面厚度/cm	惯性矩 /cm⁴	弹性模量 /GPa	截面模量 /cm³	静矩 /cm³
I12.6	14.223	18.118	0.5	488	200	77.5	44.985

6.3.1　模型的设计制作

根据支架原型尺寸，结合几何相似比，获得模型具体加工尺寸如图 6-3 所示，5 个模型结构逐渐改进，后续结构改进基于上一个支架的具体尺寸参数，因此在进行尺寸标注时，相同位置尺寸未在后续图形中重复出现。模型具体实物图如图 6-4 所示。

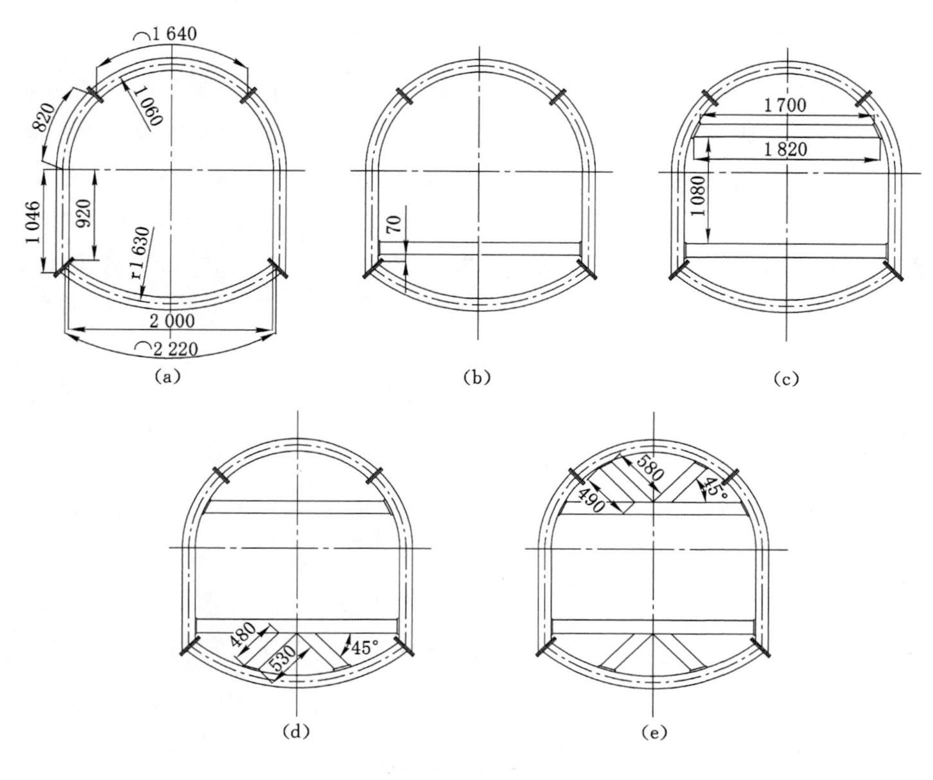

图 6-3 模型设计图

(a) 模型一;(b) 模型二;(c) 模型三;(d) 模型四;(e) 模型五

图 6-4 模型具体实物图

6.3.2 加载方式的确定

根据第 5 章分析，确定了支架在顶底拱位置和两底角位置受集中荷载作用，因此确定支架具体受力状态如图 6-5 所示。由于模型结构以及试验条件限制，试验支架无法立放，故采用卧位加载法，将实际工程中竖直支撑的支架改为水平放置进行加载试验。支架固定后，根据支架受力位置确定垂直作动器和水平作动器的具体位置。支架底拱位置采用反力架进行水平方向加载固定。在卧位加载方式下，水平作动器对应支架顶底拱方向的加载，竖直作动器对应支架两底角位置的加载，具体加载方式如图 6-6 所示。

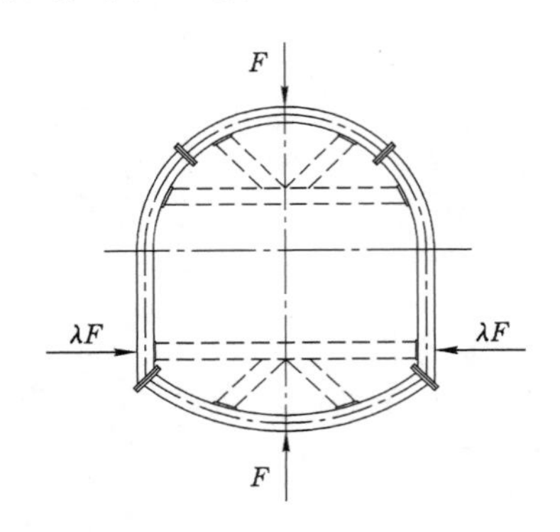

图 6-5 模型受力状态图

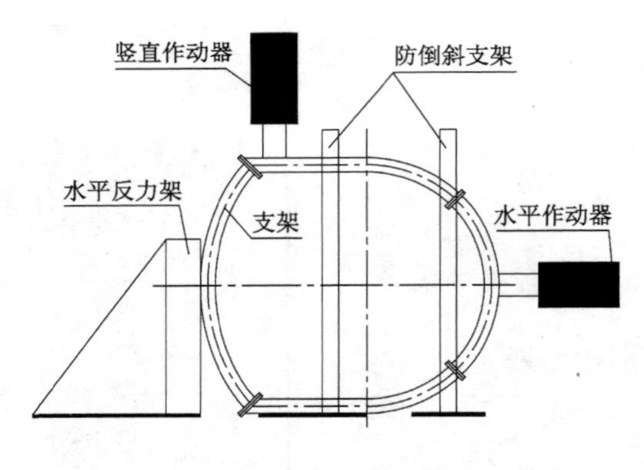

图 6-6 模型加载方式图

6.3.3 配件的设计制作

1. 反力架与防倒斜装置

根据模型水平卧位加载方式，设计制作反力架装置，具体结构如图 6-7

所示，同时为防止支架在荷载作用下发生平面外失稳，设计制作支架两侧防失稳装置，具体结构如图 6-8 所示。防失稳装置共 4 个，模型两侧对称布置，选取相应的地锚孔进行防倒斜支架固定。反力架及防失稳装置具体实物图如图 6-9 所示。

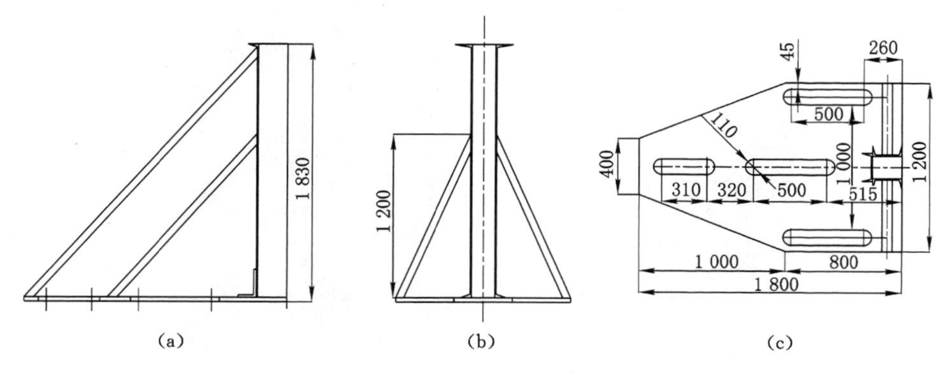

图 6-7　反力架装置设计图

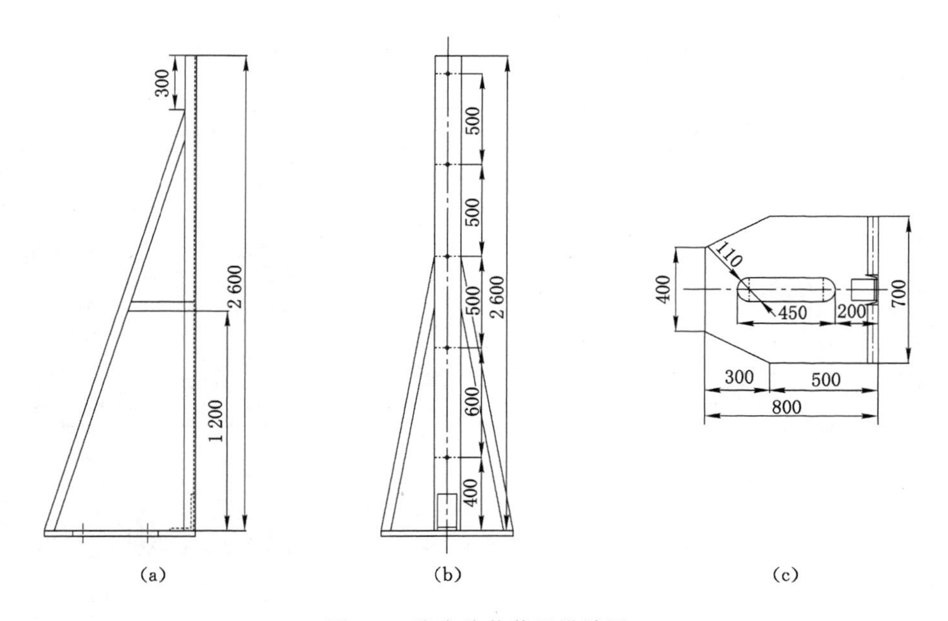

图 6-8　防失稳状装置设计图

2. 加载连接板

为有效进行支架与作动器的连接，在支架两个加载点位置增加两个连接板，连接板具体尺寸及参数如图 6-10(a)、(b)所示，通过螺栓实现支架与作动器的有效连接。为有效进行作动器与反力墙的连接，根据作动器连接

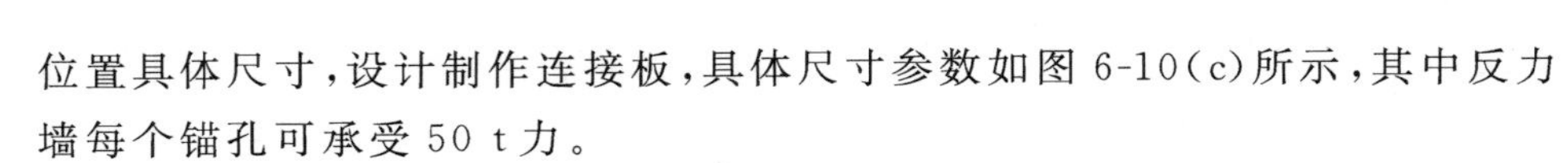
位置具体尺寸，设计制作连接板，具体尺寸参数如图 6-10(c)所示，其中反力墙每个锚孔可承受 50 t 力。

(a)

(b)

图 6-9　反力架及防失稳装置具体实物图

(a) 防失稳装置；(b) 反力架

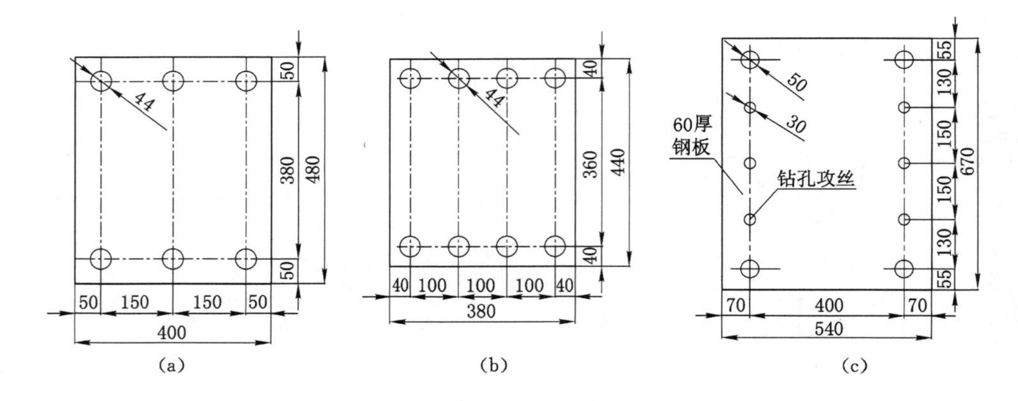

图 6-10　连接板设计图

(a) 水平作动器连接板；(b) 竖直作动器连接板；(c) 作动器与反力墙连接板

6.3.4　监测内容及监测仪器

1. 监测内容

(1) 支架关键部位应力演化规律；

(2) 支架关键部位位移演化规律；

(3) 支架具体失稳形式。

2. 监测仪器

根据试验监测内容，确定具体监测设备为：

(1) 应变片：型号为BX120-3AA，监测支架应变演化规律，对应获得相应点的应力演化规律；

(2) 位移计：监测支架位移演化规律；

(3) 摄像机：记录支架具体变形失稳过程。

6.3.5 测点布置

6.3.5.1 应变片测点布置

采用粘贴应变片的方法进行支架应力监测。每个测点粘贴两组相互垂直的应变片，以顶拱位置应变片布置为例，在腹板中间位置、底拱内侧的翼缘中间位置分别粘贴一组应变片，在一组应变片中，规定与翼缘垂直的应变片编号为奇数，与翼缘平行的应变片编号为偶数，5个模型中具体应变片布置及其编号如图6-11所示，顶拱位置应变片编号如图6-12所示。在5个模型中，同一位置应变片编号相同，相同编号在后续图中不再重复出现。

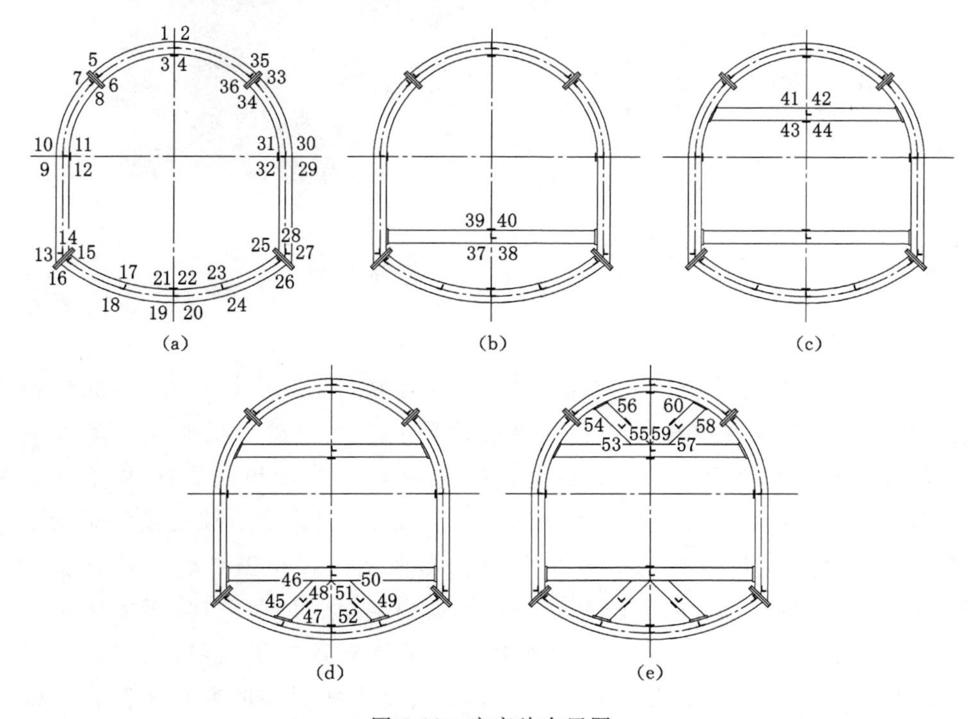

图6-11 应变片布置图

(a) 模型一；(b) 模型二；(c) 模型三；(d) 模型四；(e) 模型五

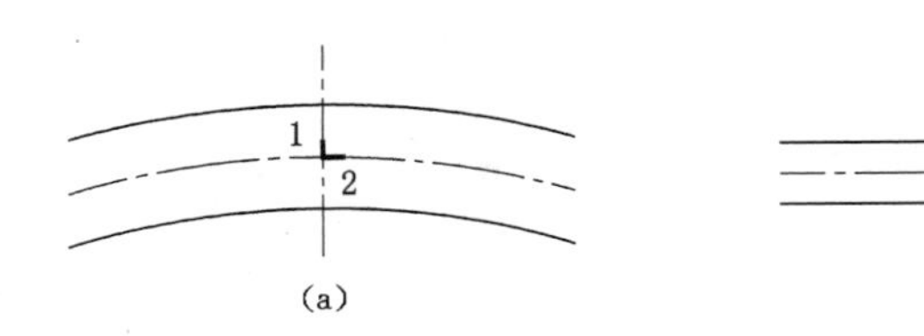

图 6-12　应变片粘贴具体位置图

应变片具体粘贴方法为:用打磨机在测点表面进行除锈打磨→用丙酮清洗打磨处→用环氧树脂在丙酮清洗处进行打底处理→用 101 胶液将应变片粘贴在测点处→连接应变片引线→采用万用表检测应变片短路或断路情况→涂抹 AB 胶进行防潮防破坏处理→采用万用表再次检测应变片短路或断路情况→完成应变片的粘贴保护工作。应变片布置实物图如图 6-13 所示。

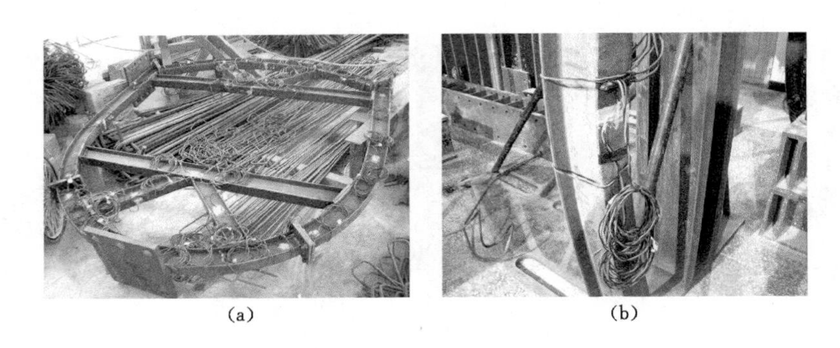

图 6-13　应变片布置实物图

6.3.5.2　位移计测点布置

为有效进行荷载作用下支架变形监测,选取支架顶底拱位置、两底角位置、两拱基位置安装位移计进行支架变形监测。在模型一试验结束后发现支架在其卧式安装后的水平中心线上方 0.41 m 对应的顶拱位置、中心线上方 0.66 m 对应的底拱位置发生平面外弯折变形,因此在后续的模型试验中于相应位置增加位移计,进行对应位置变形监测。在模型二、三、四试验过程中,顶底板横梁位置安装位移计进行平面内横梁变形监测,发现横梁在荷载作用下平面内变形为 0,而平面外变形是最终导致支架失稳的关键,因此在模型五中将顶底板横梁的平面内位移监测改为平面外的变形监测。具体位移计布置及其编号如图 6-14 所示,位移计安装实物图如图 6-15 所示。

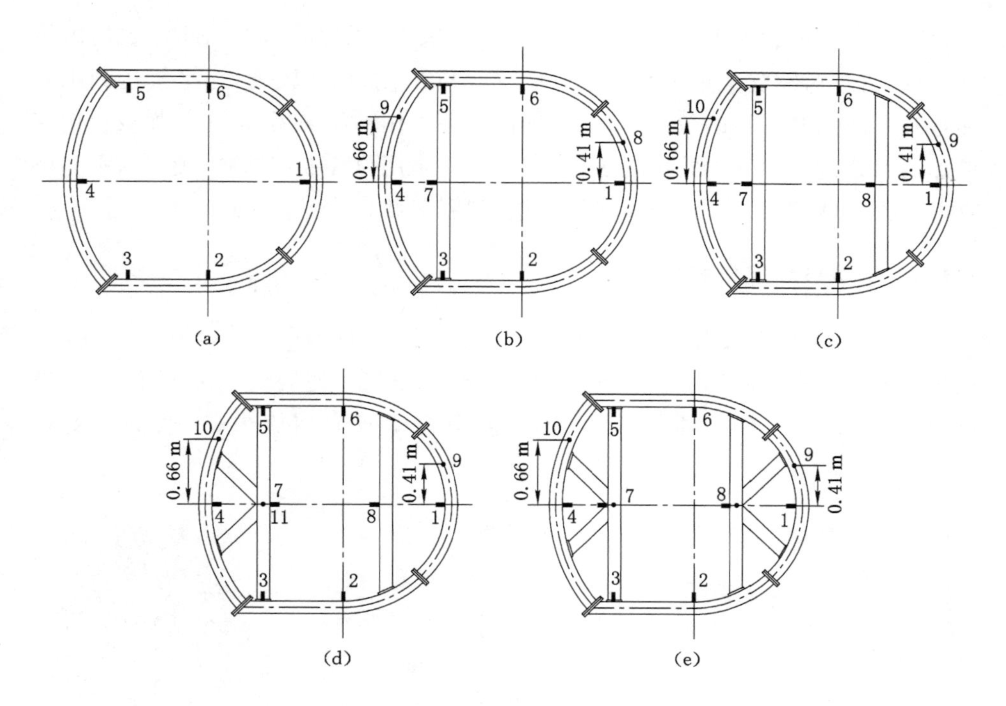

图 6-14 位移计布置图

(a) 模型一;(b) 模型二;(c) 模型三;(d) 模型四;(e) 模型五

图 6-15 位移计布置实物图

6.4 试验结果分析

6.4.1 加载方案概述

结合支架受力状态,采用顶底拱位置的水平作动器和两底角位置的竖直作

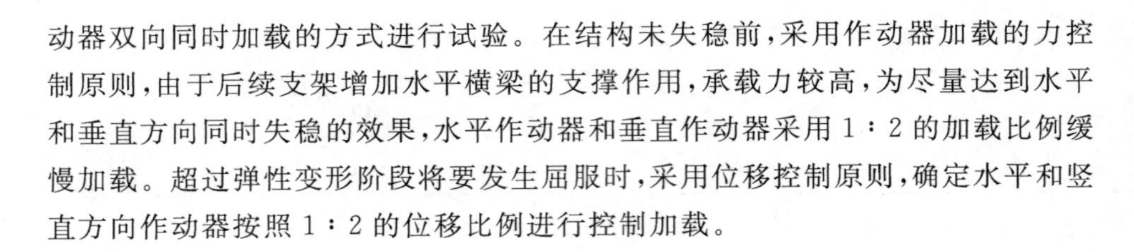

动器双向同时加载的方式进行试验。在结构未失稳前，采用作动器加载的力控制原则，由于后续支架增加水平横梁的支撑作用，承载力较高，为尽量达到水平和垂直方向同时失稳的效果，水平作动器和垂直作动器采用 1∶2 的加载比例缓慢加载。超过弹性变形阶段将要发生屈服时，采用位移控制原则，确定水平和竖直方向作动器按照 1∶2 的位移比例进行控制加载。

6.4.2 模型破坏现象概述

模型整体安装及其对应的破坏形态如图 6-16～图 6-20 所示。试验过程中，模型水平方向和竖直方向存在异步失稳现象，对首先失稳的作动器进行固定，进行另一作动器的继续加载，直至模型双向屈服失稳，获得主要结论如下：

(a)

(b)

(c)

图 6-16 模型一整体结构及顶底拱失稳形式图

(a) 整体安装图；(b) 顶拱失稳；(c) 底拱失稳

(a)

(b)

(c)

图 6-17 模型二整体结构及顶底拱失稳形式图

(a) 整体安装图；(b) 顶拱失稳；(c) 底拱失稳

(a)

(b)

(c)

图 6-18　模型三整体结构及顶底拱失稳形式图

(a) 整体安装图;(b) 顶拱失稳;(c) 底拱失稳

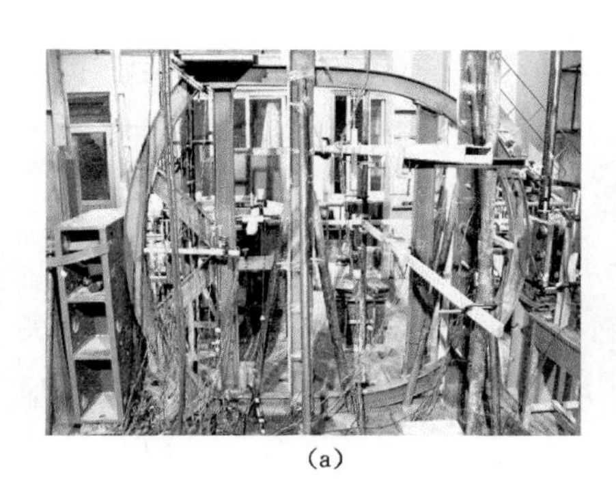
(a)

(b)

(c)

图 6-19　模型四整体结构及顶底拱失稳形式图

(a) 整体安装图;(b) 顶拱失稳;(c) 底拱失稳

(a)

(b)

(c)

图 6-20　模型五整体结构及顶底拱失稳形式图

(a) 整体安装图;(b) 顶拱失稳;(c) 底拱失稳

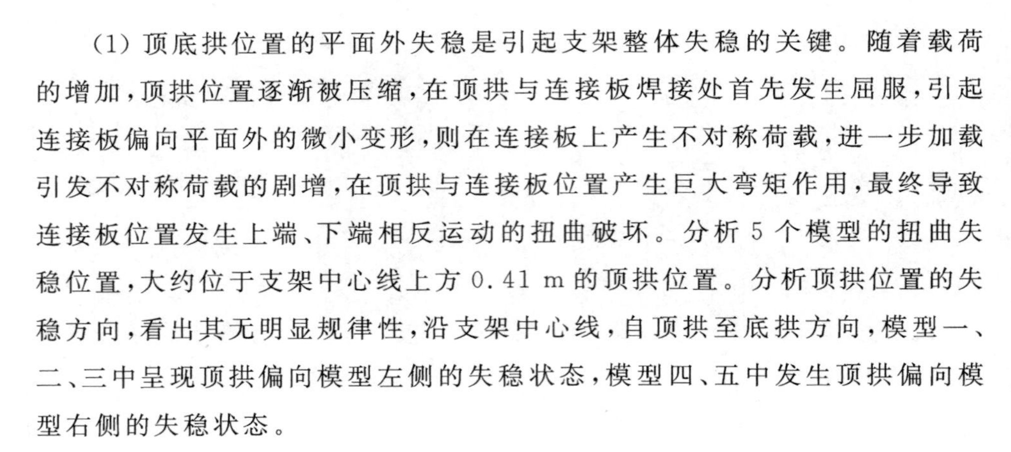

(1) 顶底拱位置的平面外失稳是引起支架整体失稳的关键。随着载荷的增加，顶拱位置逐渐被压缩，在顶拱与连接板焊接处首先发生屈服，引起连接板偏向平面外的微小变形，则在连接板上产生不对称荷载，进一步加载引发不对称荷载的剧增，在顶拱与连接板位置产生巨大弯矩作用，最终导致连接板位置发生上端、下端相反运动的扭曲破坏。分析 5 个模型的扭曲失稳位置，大约位于支架中心线上方 0.41 m 的顶拱位置。分析顶拱位置的失稳方向，看出其无明显规律性，沿支架中心线，自顶拱至底拱方向，模型一、二、三中呈现顶拱偏向模型左侧的失稳状态，模型四、五中发生顶拱偏向模型右侧的失稳状态。

(2) 底拱位置的破坏形式中，在模型一中，底拱位置主要发生支架中心线上方 0.66 m 位置的弯折破坏，在模型二、三、四、五中，增加底板横梁后模型首先发生底板横梁的平面外失稳，然后在支架中心线上方 0.66 m 位置发生弯折失稳，除模型三失稳时其底拱弯折方向不同外，其余模型弯折方向一致，沿支架中心线，自底拱向顶拱方向，底拱均发生"＜"形式的弯折破坏。

(3) 针对顶底拱的失稳形式，在现场生产中可以采取以下措施进行加固：① 沿巷道轴线方向，相邻两支架间使用槽钢等材料进行连接，为支架平面外失稳施加轴向约束；② 在顶底拱失稳位置采用焊接钢板等刚性补强措施进行加固，达到提高强度、有效承载的目的。

(4) 总结发现，虽然增加了防失稳装置，但仍难以有效限制支架顶底拱的平面外失稳。在现场生产中，在采取措施有效抑制支架平面外失稳的前提下，支架承载能力将高于该试验结果。

6.4.3 模型荷载-位移演化规律分析

6.4.3.1 水平方向荷载-位移演化规律分析

1. 5 个模型位移演化规律对比分析

分析 1# 、4# 位移计数值，4# 位移计数值几乎为 0，说明支架底拱水平方向位移几乎为 0，忽略底拱微小位移的影响，则 1# 位移计数值即为顶拱变形量，获得 5 个模型水平荷载与顶拱位移演化规律如图 6-21 所示；将荷载-位移曲线弹性变形阶段的斜率作为弹性刚度进行分析，获得 5 个模型水平极限荷载及其对应位移和弹性刚度统计见表 6-2。

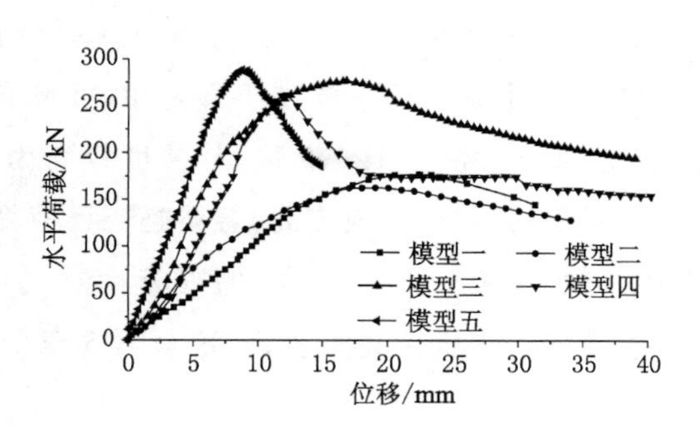

图 6-21 水平荷载下顶拱位移演化规律

表 6-2 水平极限荷载与对应位移统计

名称	模型一	模型二	模型三	模型四	模型五
极限荷载/kN	176.8	162.5	277	261.3	288.3
对应位移/mm	22.39	19.04	16.81	12.2	8.7
弹性刚度	10.746	9.878	31.508	27.701	36.678

对比 5 个模型水平方向荷载-位移演化关系，获得主要结论如下：

(1) 在水平荷载作用下，模型首先发生弹性变形，达到结构的强度极限后发生屈服失稳。通过试验获得 5 个模型水平方向极限承载能力分别为 176.8 kN、162.5 kN、277 kN、261.3 kN、288.3 kN，模型五水平方向极限承载能力最高，模型三次之，模型二承载能力最小。通过计算获得 5 个模型弹性刚度分别为 10.746、9.878、31.508、27.701、36.678，其中，模型五刚度最高，模型三次之，模型二刚度最小。

(2) 试验获得模型一和模型二极限承载能力分别为 176.8 kN 和 162.5 kN，模型三和模型四极限承载能力分别为 277 kN 和 261.3 kN，对比支架底拱结构，模型二和模型四较模型一和模型三底拱结构加强状态下，顶拱强度不但没有增加，反而呈现降低现象，由于极限承载能力相差不大，考虑试验误差的影响，对应获得底拱结构改变对顶拱强度无明显影响，顶拱结构相同时其承载能力近于相等。

(3) 在顶拱范围内无加固措施时，顶拱的极限承载能力平均为 169.65 kN (模型一和模型二平均值)，经过顶板横梁加固后，顶拱的承载能力提高为

269.15 kN(模型三和模型四平均值)，其强度提高为原始状态的 1.587 倍；经过顶拱范围内增加斜撑进一步加固后，模型五顶拱的极限承载能力提高到 288.3 kN，其强度提高为原始状态的 1.699 倍，其强度提高为仅增加横梁加固状态的 1.071 倍。可以看出，顶拱结构改变后，总体趋势为随着顶拱结构的改进其强度逐渐增加，其中，增加顶板横梁后顶拱强度提高明显，但在有横梁的基础上增加斜撑加固后顶拱强度进一步提高不明显，这与第 5 章结构改进后支架强度演化规律相一致。

(4) 对比刚度演化规律，模型一和模型二刚度水平最小，且其数值相差不大，模型三和模型四刚度水平次之，且其数值较接近，模型五刚度水平最高。由于底拱结构改变对顶拱强度无明显影响，考虑试验误差的影响，确定相同顶拱结构下其刚度相等，对应获得顶拱范围内无加固结构时其刚度为 10.312(模型一和模型二平均值)，增加顶板横梁加固时其刚度提高为 29.605(模型三和模型四平均值)，在顶板横梁的基础上进一步增加斜撑加固下，其刚度提高为 36.678，则增加顶板横梁后，顶拱刚度提高为原始无加固状态的 2.871 倍，在顶板横梁的基础上增加斜撑加固后，顶拱刚度提高为原始状态的 3.557 倍，提高为仅增加顶板横梁加固状态的 1.239 倍，则增加顶板横梁后顶拱刚度提高明显，而在顶板横梁加固的基础上进一步增加斜撑后，顶拱刚度进一步提高程度不大。

通过试验获得了 5 类支护结构体顶拱强度、刚度演化规律。总结模型水平方向强度、刚度演化特征，得出增加顶板横梁后，顶拱强度及刚度均得到有效提高，在此基础上进一步增加斜撑加固后，顶拱强度及刚度的进一步提高程度不大，为高强度支护结构体的选取提供依据。

2. 不同荷载对应位移对比分析

5 个模型水平荷载为 50 kN、100 kN、150 kN 状态时的具体位移量及其相对增量见表 6-3，其位移演化规律如图 6-22 所示。

表 6-3　　不同水平荷载下顶拱位移统计

模型	不同荷载对应位移/mm			位移增量/mm	
	50 kN	100 kN	150 kN	100 kN 较 50 kN	150 kN 较 100 kN
模型一	5.14	9.54	14.74	4.4	5.2
模型二	3.23	7.01	14.36	3.78	7.35
模型三	2.61	4.05	5.55	1.44	1.5

续表 6-3

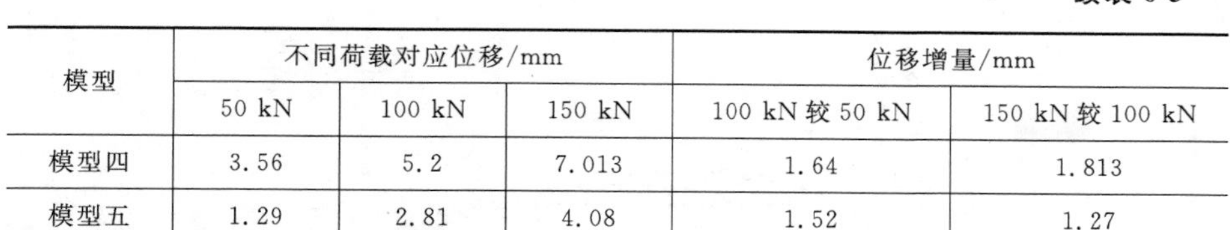

模型	不同荷载对应位移/mm			位移增量/mm	
	50 kN	100 kN	150 kN	100 kN 较 50 kN	150 kN 较 100 kN
模型四	3.56	5.2	7.013	1.64	1.813
模型五	1.29	2.81	4.08	1.52	1.27

图 6-22　不同水平荷载下不同模型顶拱位移演化规律

对比不同荷载下位移演化规律，同一模型中，随着荷载的增加，位移逐渐增加，受顶拱刚度影响，模型一和模型二位移增量较大，且呈现递增趋势，模型三、模型四和模型五位移增量较小，且增加幅度基本相等。同一荷载下不同模型位移量对比分析，模型一、模型三和模型五中，50 kN 荷载下，其位移量分别为 5.14 mm、2.61 mm、1.29 mm；100 kN 荷载下，其位移量分别为 9.54 mm、4.05 mm、2.81 mm；150 kN 荷载下，其位移量分别为 14.74 mm、5.55 mm、4.08 mm。可以看出，增加顶板横梁以及顶板横梁+斜撑后，同一荷载下产生的位移量较小，支架刚度较高，其抑制围岩变形的作用较强。对于查干淖尔一号井的膨胀性软岩，浅部岩层的膨胀失稳诱发更深层岩层的进一步膨胀变形，膨胀压力连续地、渐进地施加于支护结构体是导致其失稳的根源。针对该膨胀软岩，在巷道支护初期即采取高强度、高刚度结构体进行加强支护，控制浅部岩层膨胀变形，隔绝深部岩层膨胀条件，使支护结构体的承载仅限于浅部岩层膨胀压力为控制该类围岩变形失稳的基本思路。

6.4.3.2　竖直方向荷载-位移演化规律分析

1. 5 个模型位移演化规律对比分析

分析 3#、5# 位移计数值，获得 5 个模型竖直方向荷载-位移演化关系如图 6-23 所示，竖直极限荷载及其对应位移和弹性刚度统计见表 6-4。对比竖直

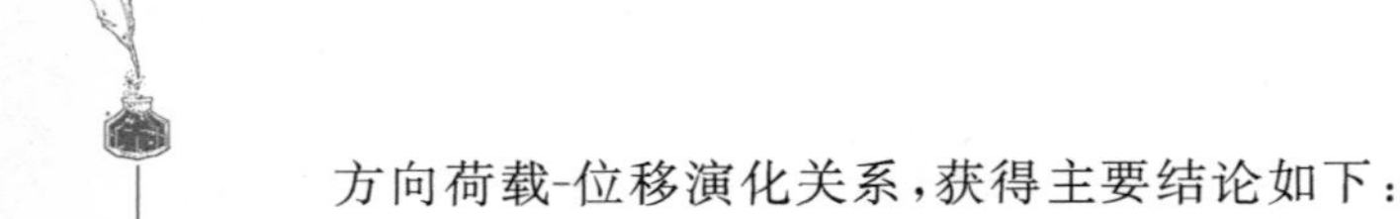

方向荷载-位移演化关系，获得主要结论如下：

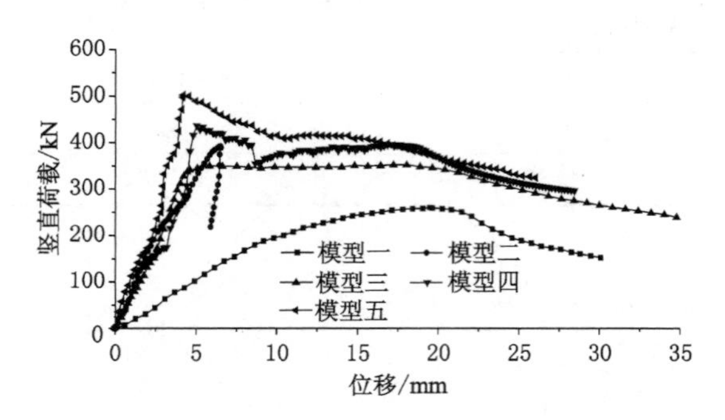

图 6-23　竖直荷载下底角位移演化规律

表 6-4　　竖直极限荷载与对应位移统计

名称	模型一	模型二	模型三	模型四	模型五
极限荷载/kN	258.8	392.1	351	436.9	501.9
对应位移/mm	19.49	6.49	5.06	5.01	4.18
弹性刚度	21.831	78.069	76.766	72.769	80.604

(1) 通过试验获得 5 个模型竖直方向极限承载能力分别为 258.8 kN、392.1 kN、351 kN、436.9 kN、501.9 kN，模型五竖直方向极限承载能力最高，模型四次之，模型一极限承载能力最小。通过计算获得 5 个模型弹性刚度分别为 21.831、78.069、76.766、72.769、80.604，模型五刚度最高，模型二次之，模型一刚度最小。

(2) 对底拱结构相同、顶拱结构不同的模型二、模型三，模型四、模型五进行对比分析，模型二极限荷载 392.1 kN 较模型三增加顶板横梁后荷载 351 kN 稍高，而模型四极限荷载 436.9 kN 较模型五顶拱增加斜撑加固后的极限荷载 501.9 kN 稍低，对应获得顶拱结构改变对底拱强度无明显影响，底拱结构相同时其竖直强度基本相同。

(3) 增加底板横梁后，竖直方向极限承载能力自无加固状态的 258.8 kN 提高到 371.6 kN(模型二和模型三平均值)，提高为无加固状态的 1.436 倍；增加底板横梁及其斜撑后，竖直方向极限承载能力提高到 469.4 kN(模型四和模型五平均值)，提高为无加固状态的 1.814 倍；在底板横梁加固的基

础上增加斜撑后，竖直方向极限承载能力自 371.6 kN 提高到 469.4 kN，相应提高为底板横梁加固状态的 1.263 倍。可以看出，增加底板横梁后竖直强度提高明显，而在横梁的基础上进一步增加斜撑后，竖直强度的进一步提高程度不大。

（4）对比 5 个模型刚度演化规律，模型一竖直刚度最小，为 21.831，增加底板横梁加固后，模型二和模型三竖直刚度得到明显提高，其刚度提高为 77.418（模型二和模型三平均值），提高为无加固状态的 3.546 倍；在底板横梁的基础上进一步增加斜撑加固后，模型四和模型五竖直刚度提高为 76.687（模型四和模型五平均值），与仅增加底板横梁加固状态较接近。可以看出，竖直刚度主要由底板横梁决定，在横梁的基础上增加斜撑加固对竖直刚度的进一步提高作用不明显。

（5）对比模型三、模型四和模型五荷载-位移演化关系，在结构屈服失稳后，呈现峰值荷载后的二次承载现象，除模型二在试验过程中由于加载架的影响，未能继续加载，未获得有效的峰后演化曲线，模型三、模型四和模型五在加载过程中均出现明显的峰后横载现象，模型四峰后横载达到 386.6 kN，模型五峰后横载达到 415.1 kN，该横载远远大于模型一的最大荷载 258.8 kN。结合峰后横载位移曲线可以看出，该支架结构在保持较高的承载能力下，可以对围岩有适当的让压变形，该特点可以满足深井高应力软岩巷道让压支护条件的需要。

2. 不同荷载对应位移对比分析

5 个模型竖直荷载为 50 kN、100 kN、150 kN、200 kN、250 kN 状态时的具体位移量及其相对增量见表 6-5，其位移演化规律如图 6-24 所示。在模型一中，随着荷载的增加，位移逐渐增加，且其增量呈现递增趋势；在模型二、模型三、模型四和模型五中，随着荷载的增加，位移增量呈现波动现象，且其增量均较小。对比模型一、模型三和模型五，50 kN 荷载下，其位移量分别为 2.67 mm、0.745 mm、0.338 mm；150 kN 荷载下，其位移量分别为 7.1 mm、2.375 mm、1.51 mm；250 kN 荷载下，其位移量分别为 16.522 mm、3.35 mm、2.822 mm。由于模型三和模型五位移量均较小，考虑试验误差的影响，可以认为其位移量近似相等，即增加底板横梁加固后，支架刚度明显提高，相同荷载下较无横梁结构位移量大大减小，为现场高刚度支架选取提供依据。

表 6-5　　不同竖直荷载下底角位移统计

模型	不同荷载对应位移/mm					位移增量/mm	
	50 kN	100 kN	150 kN	200 kN	250 kN	150 kN 较 50 kN	250 kN 较 150 kN
模型一	2.67	4.84	7.1	10.45	16.522	4.43	9.422
模型二	0.74	1.23	1.850	2.52	3.608	1.110	1.758
模型三	0.745	1.515	2.375	2.87	3.35	1.63	0.975
模型四	0.747	1.32	1.99	3.336	3.817	1.243	1.827
模型五	0.338	0.878	1.51	2.207	2.822	1.172	1.312

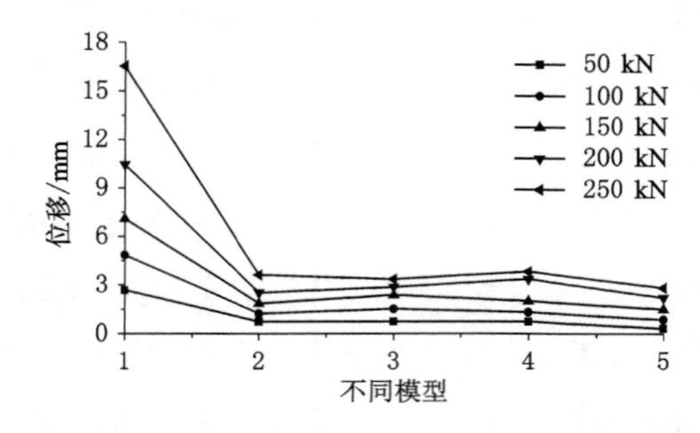

图 6-24　不同竖直荷载下不同模型底角位移演化规律

综合支架水平方向、竖直方向极限承载能力，生成强度对比直方图如图 6-25 所示。

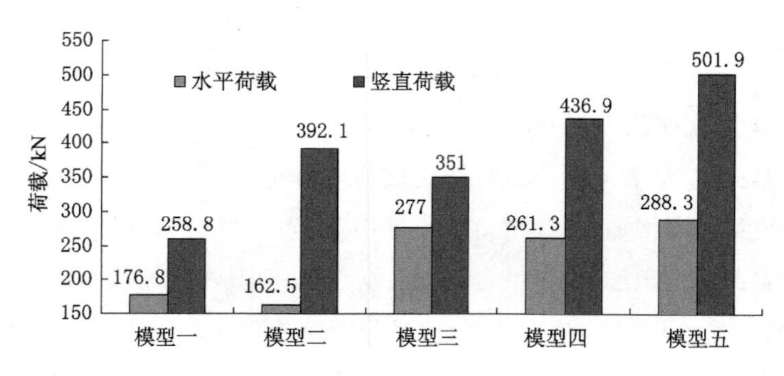

图 6-25　水平极限荷载和垂直极限荷载对比直方图

对比 5 个模型极限承载能力，模型一是以现场巷道具体参数为基础形成的封闭支护结构体，其强度最低，模型二、模型三、模型四和模型五为改进的支护结构体，其中，增加底板横梁后，底拱的强度得到明显提高，在此基础上增加顶板横梁后，顶拱强度得到明显提高，而在顶底板横梁的基础上进一步增加斜撑加固

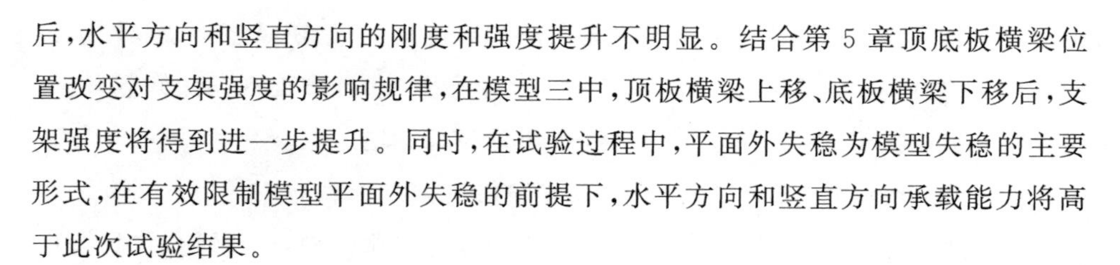

后，水平方向和竖直方向的刚度和强度提升不明显。结合第 5 章顶底板横梁位置改变对支架强度的影响规律，在模型三中，顶板横梁上移、底板横梁下移后，支架强度将得到进一步提升。同时，在试验过程中，平面外失稳为模型失稳的主要形式，在有效限制模型平面外失稳的前提下，水平方向和竖直方向承载能力将高于此次试验结果。

6.4.3.3 拱基位置荷载-位移演化规律分析

根据试验位移计安装方式，规定拱基发生指向模型内侧的位移时，其示数为正，发生指向外侧的位移时，示数为负。分析 2# 、4# 位移计数值，贴近地面的4# 位移计数值几乎为 0，在此主要分析上侧拱基 2# 位移计位移演化规律。拱基位移为水平荷载和竖直荷载叠加作用的结果，鉴于两荷载的比例关系，获得竖直荷载下拱基位移演化规律如图 6-26 所示。对比拱基位移演化规律，获得主要结论如下：

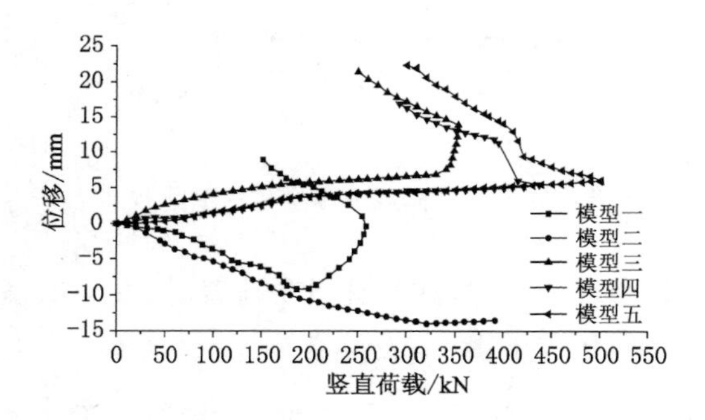

图 6-26 荷载作用下拱基位移演化规律

(1) 模型一拱基位移为水平加载的外向扩展位移和竖直加载的内向位移的叠加，在竖直荷载小于 175 kN 的范围内外向扩展位移占明显优势，拱基位置呈现指向模型外侧的变形，在竖直荷载超过 175 kN 时内向位移开始占明显优势，拱基位置开始呈现指向模型内侧的变形，达到极限荷载后，支架卸压的同时位移逐渐增加。

(2) 模型二拱基位移同样为水平加载的外向扩展位移和竖直加载的内向位移的叠加，由于加载架的影响未能获得完整的卸载位移曲线，模型水平方向屈服后，随竖直荷载的增加拱基位移变化较小，则在底板横梁屈服前，拱基位移主要为水平加载的外向扩展位移。

(3) 对比模型三、模型四和模型五拱基位移演化规律可以看出，顶拱范围内

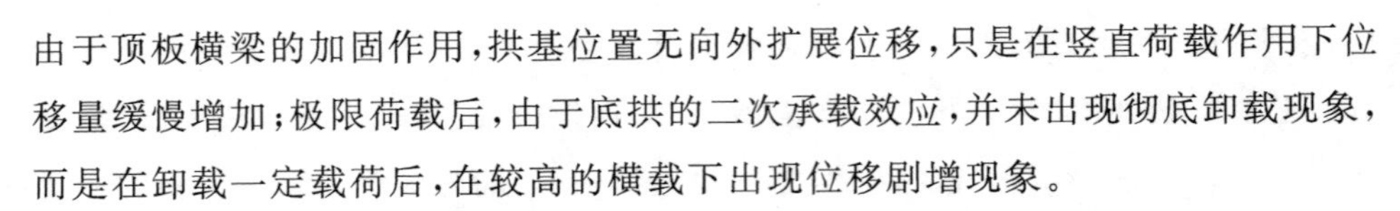
由于顶板横梁的加固作用，拱基位置无向外扩展位移，只是在竖直荷载作用下位移量缓慢增加；极限荷载后，由于底拱的二次承载效应，并未出现彻底卸载现象，而是在卸载一定载荷后，在较高的横载下出现位移剧增现象。

6.4.3.4　顶拱位置平面外失稳荷载-位移演化规律分析

在水平荷载作用下，顶拱位置主要发生平面外屈服失稳，由于顶拱失稳方向的随机性，对应位置 9# 位移计数值呈现正负差异性，不考虑正负号的影响，在此仅分析荷载作用下位移量的变化，对应获得水平荷载下顶拱失稳位移演化规律如图 6-27 所示。

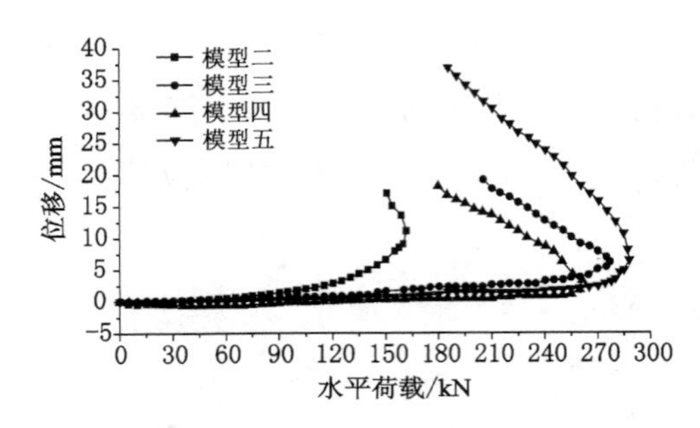

图 6-27　水平荷载下顶拱位移演化规律

对比顶拱失稳位移演化规律，在达到极限荷载时，模型二、模型三、模型四和模型五对应的平面外位移分别为 11.03 mm、6.08 mm、3.2 mm、6.38 mm，可以看出，由于无顶板横梁加固作用，模型二未屈服失稳前平面外位移量最大。模型三和模型四中，在顶板横梁的加固作用下，顶拱发生失稳时其平面外位移量较小，则顶板横梁在有效提高顶拱强度的同时，起到一定的限制结构平面外失稳的作用。对比模型三、模型四和模型五位移数值可以看出，模型三和模型五位移数值较接近，而模型四中位移较小，结合支架顶拱结构形式，对应得出在顶板横梁的基础上增加斜撑加固对限制顶拱平面外失稳作用不明显。

6.4.3.5　底拱位置平面外失稳荷载-位移演化规律分析

在竖直荷载作用下，底拱位置主要发生平面外屈服失稳，结合 10# 位移计监测数值，同样忽略位移符号影响，对应获得竖直荷载下底拱失稳位移演化规律如图 6-28 所示。

对比底拱失稳位移演化规律，在达到极限荷载时，模型二、模型三、模型四和模型五对应的平面外位移分别为 3.12 mm、2.74 mm、2.97 mm、1.75 mm。可以看出，4 个模型位移量均较小，且其值相差不大。对比底拱结构形式，确定在

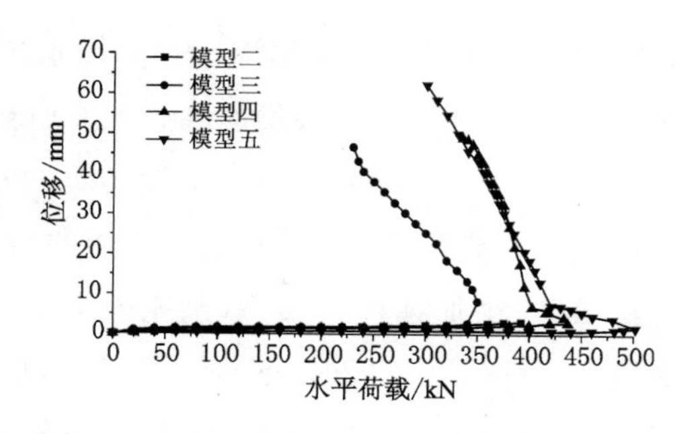

图 6-28　竖直荷载下底拱位移演化规律

底板横梁的基础上增加斜撑结构，较底板横梁加固下其平面外位移相差不大，则在底板横梁的基础上增加斜撑结构对限制模型平面外失稳无明显作用。

6.4.3.6　顶底横梁平面外荷载-位移演化规律分析

模型五顶底板横梁平面外荷载-位移演化规律如图 6-29 和图 6-30 所示。在顶底板横梁未失稳的条件下，横梁的平面外位移几乎为 0，即在结构达到极限荷载前横梁几乎无变形，仅在极限荷载后横梁产生较大位移，最终导致模型失稳破坏。

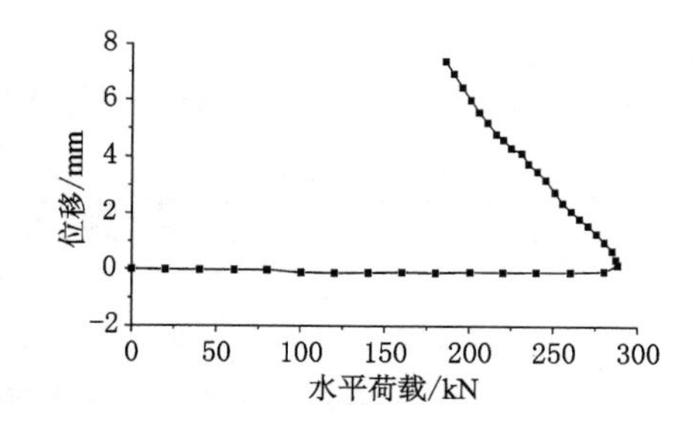

图 6-29　水平荷载下顶拱横梁位移演化规律

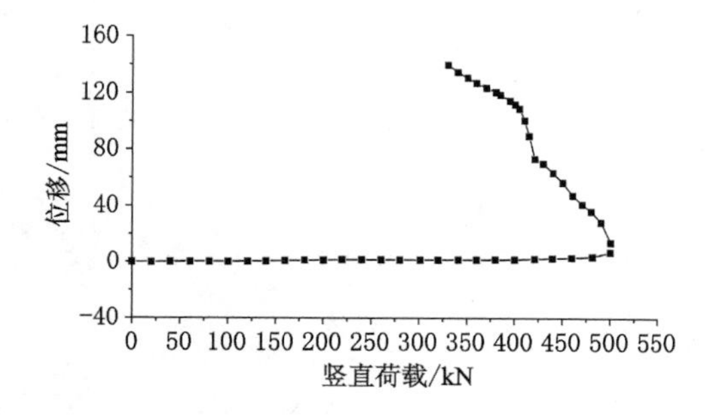

图 6-30　竖直荷载下底拱横梁位移演化规律

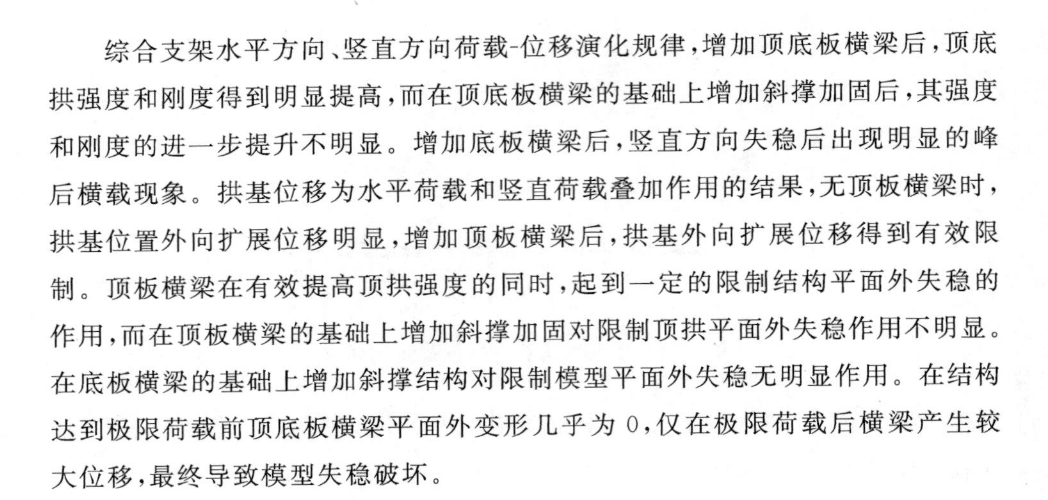

综合支架水平方向、竖直方向荷载-位移演化规律，增加顶底板横梁后，顶底拱强度和刚度得到明显提高，而在顶底板横梁的基础上增加斜撑加固后，其强度和刚度的进一步提升不明显。增加底板横梁后，竖直方向失稳后出现明显的峰后横载现象。拱基位移为水平荷载和竖直荷载叠加作用的结果，无顶板横梁时，拱基位置外向扩展位移明显，增加顶板横梁后，拱基外向扩展位移得到有效限制。顶板横梁在有效提高顶拱强度的同时，起到一定的限制结构平面外失稳的作用，而在顶板横梁的基础上增加斜撑加固对限制顶拱平面外失稳作用不明显。在底板横梁的基础上增加斜撑结构对限制模型平面外失稳无明显作用。在结构达到极限荷载前顶底板横梁平面外变形几乎为 0，仅在极限荷载后横梁产生较大位移，最终导致模型失稳破坏。

6.4.4 模型荷载-应力演化规律分析

6.4.4.1 模型主要弱面位置的确定

整理获得水平方向和竖直方向极限荷载时的应变数值如图 6-31～图6-35 所示。

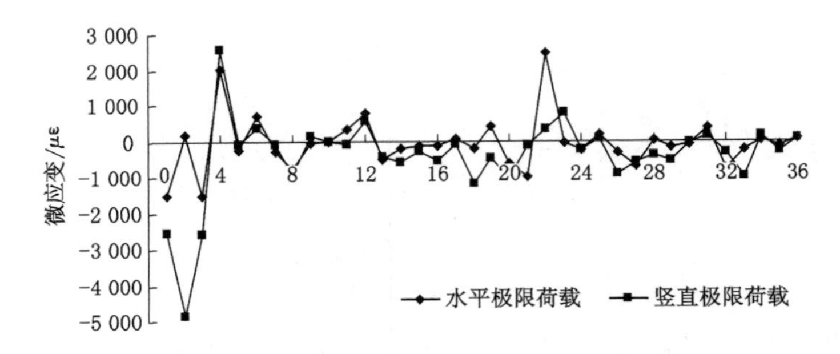

图 6-31 水平、竖直极限荷载下模型一应变对比图

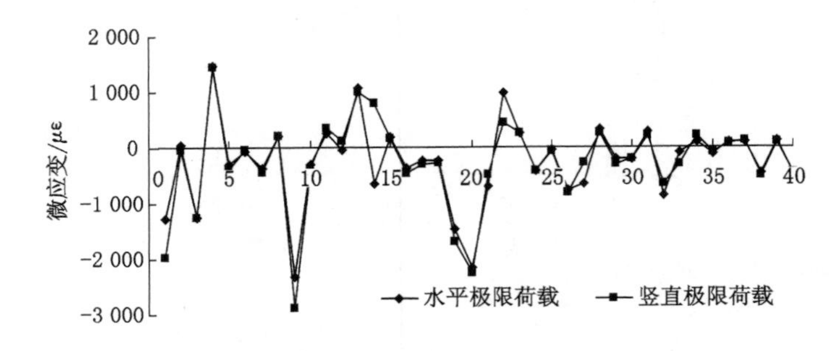

图 6-32 水平、竖直极限荷载下模型二应变对比图

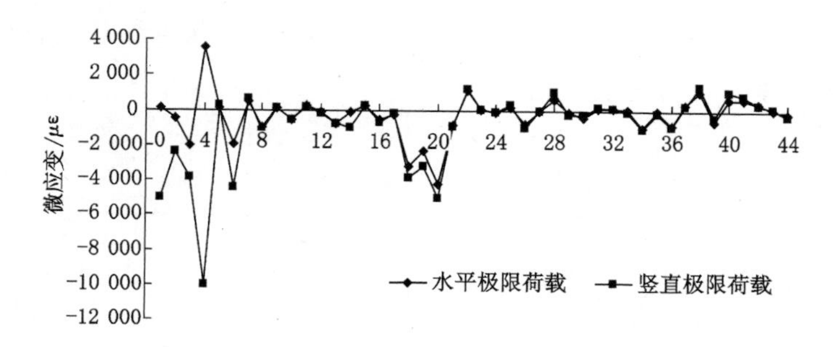

图 6-33　水平、竖直极限荷载下模型三应变对比图

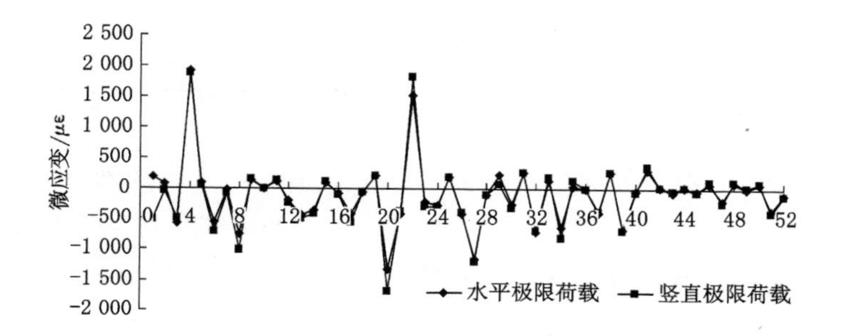

图 6-34　水平、竖直极限荷载下模型四应变对比图

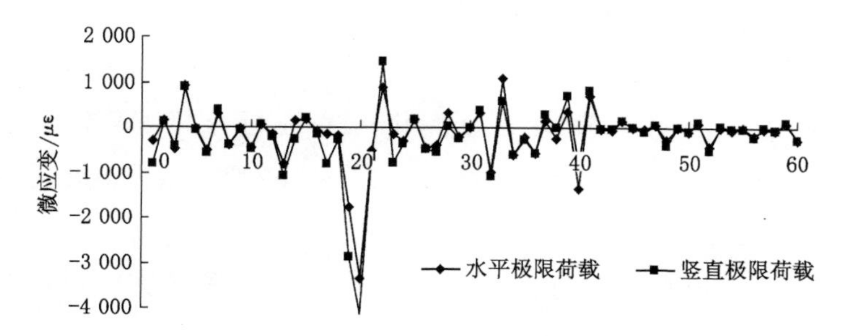

图 6-35　水平、竖直极限荷载下模型五应变对比图

对于 Q235 钢，衡量其强度和塑性的指标为[188]：屈服极限 $\sigma_s=240$ MPa，强度极限 $\sigma_b=390$ MPa。

根据广义胡克定律，有：

$$\varepsilon=\frac{\sigma}{E} \tag{6-1}$$

取弹性模量 $E=200$ GPa，则达到屈服极限时的应变为：

$$\varepsilon=\frac{\sigma_s}{E}=\frac{240}{200\times10^3}=1.2\times10^{-3}=1\ 200\mu\varepsilon$$

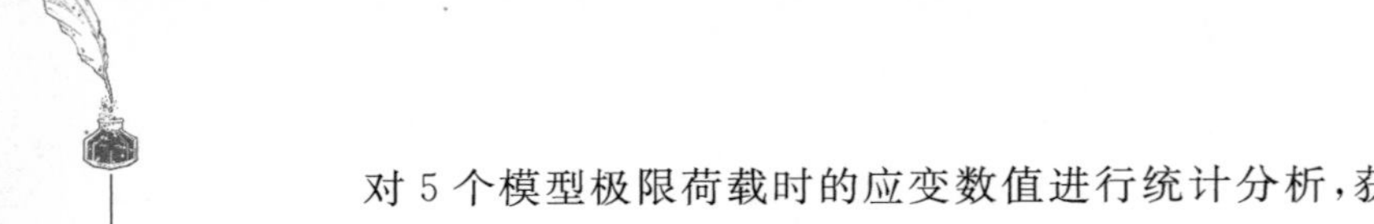

对 5 个模型极限荷载时的应变数值进行统计分析，获得加载过程中达到屈服极限时的应变片编号见表 6-6。

表 6-6　　超过屈服极限应变片统计表

模　型	应变片编号	损坏应变片
模型一	1,2,3,4,22	10
模型二	1,4,9,19,20	
模型三	1,2,3,4,6,18,19,20	27
模型四	4,20,22	10
模型五	19,20,22	30

结合应变片布置图，除模型二和模型三中少量上拱肩连接处、拱基、底拱平面外失稳位置应力超过屈服极限外，其余发生屈服的应变片均位于顶底拱位置，因此，确定支架顶底拱位置为结构失稳的主要弱面，重点对其应力演化规律进行分析。在屈服极限附近，所测应变数值偏大，无法真实反映支架应力情况，在此仅选取屈服极限范围内的应力数值进行分析。

6.4.4.2　顶拱荷载-应力演化规律分析

由于拱顶位置主要受水平荷载作用，同时鉴于水平荷载和竖直荷载的比例关系，选取拱顶位置水平荷载-应力演化关系进行分析，具体演化规律如图 6-36 所示，其中同一荷载下应力数值最大的 $4^{\#}$ 应变片应力演化规律对比如图 6-37 所示，分析获得主要结论如下：

(1) 对比 5 个模型应力演化规律，同一模型中，相同荷载下 $4^{\#}$ 应变片应力数值最大，呈现拉应力状态，$3^{\#}$ 应变片应力数值次之，呈现压应力状态。结合应变片粘贴位置及方向，确定顶拱内侧为顶拱位置的主要弱面，其中与翼缘平行方向受拉应力作用，与翼缘垂直方向受压应力作用，除模型二中 $3^{\#}$ 应变片呈现非线性增长趋势外，其余模型中两应力数值随荷载的增加均呈现线性增长趋势。5 个模型腹板位置 $2^{\#}$ 应变片应力数值均较小；腹板位置 $1^{\#}$ 应变片呈现压应力状态，其应力数值受顶拱结构影响明显，模型一和模型二中 $1^{\#}$ 应变片应力数值较大，模型三、模型四和模型五中 $1^{\#}$ 应变片应力数值均较小，在 150 kN 荷载下，5 个模型中 $1^{\#}$ 应变片应力数值分别为 138.2 MPa、140 MPa、39 MPa、5.2 MPa、2.4 MPa，可以看出，增加顶板横梁对缓解腹板应力作用明显。

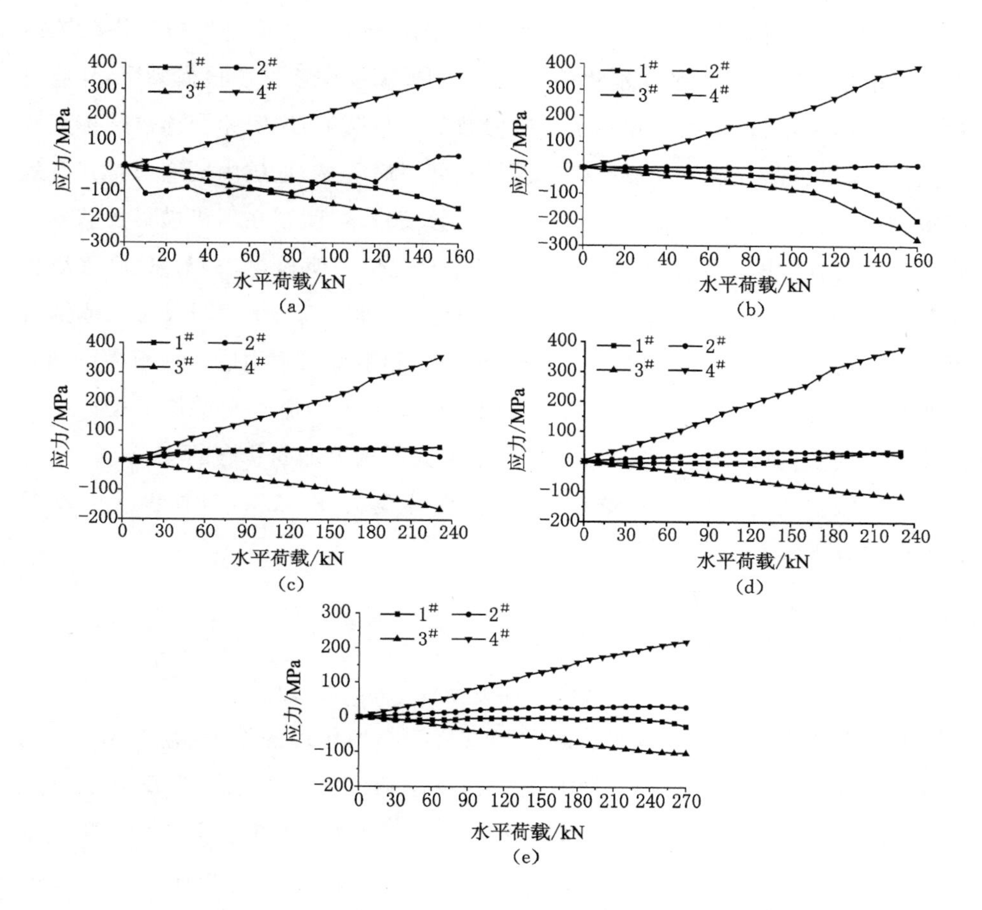

图 6-36　荷载作用下不同模型顶拱应力演化规律

(a) 模型一；(b) 模型二；(c) 模型三；(d) 模型四；(e) 模型五

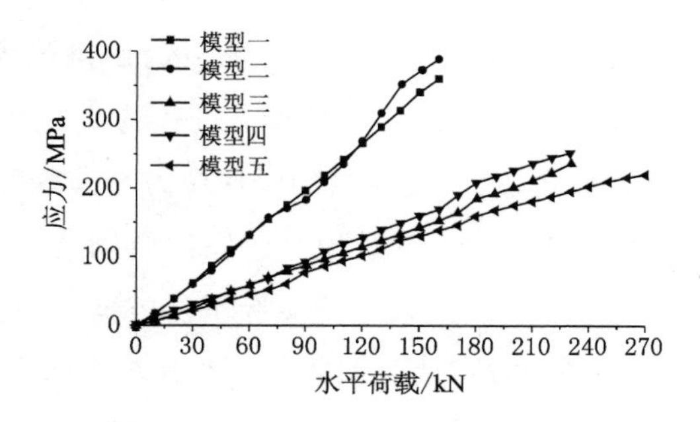

图 6-37　荷载作用下顶拱 4# 应变片应力演化规律对比图

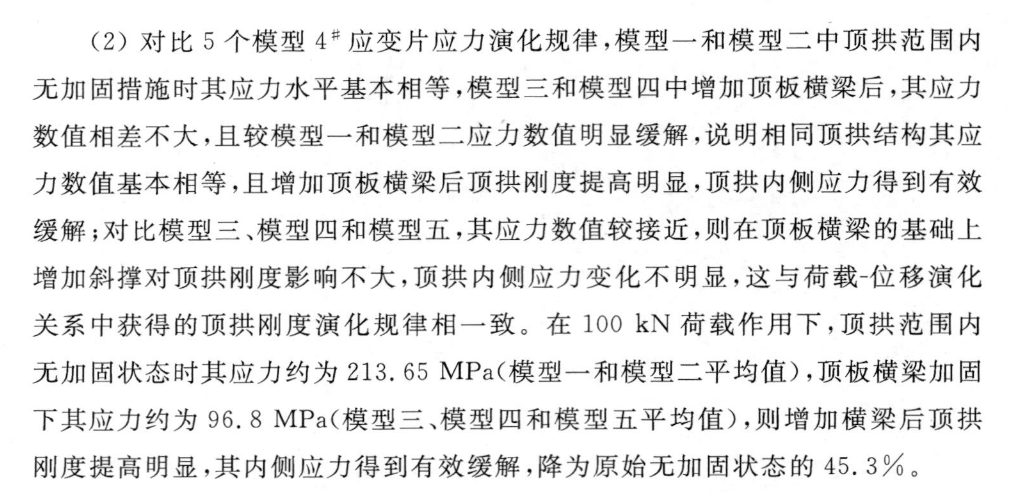

（2）对比5个模型4#应变片应力演化规律，模型一和模型二中顶拱范围内无加固措施时其应力水平基本相等，模型三和模型四中增加顶板横梁后，其应力数值相差不大，且较模型一和模型二应力数值明显缓解，说明相同顶拱结构其应力数值基本相等，且增加顶板横梁后顶拱刚度提高明显，顶拱内侧应力得到有效缓解；对比模型三、模型四和模型五，其应力数值较接近，则在顶板横梁的基础上增加斜撑对顶拱刚度影响不大，顶拱内侧应力变化不明显，这与荷载-位移演化关系中获得的顶拱刚度演化规律相一致。在100 kN荷载作用下，顶拱范围内无加固状态时其应力约为213.65 MPa（模型一和模型二平均值），顶板横梁加固下其应力约为96.8 MPa（模型三、模型四和模型五平均值），则增加横梁后顶拱刚度提高明显，其内侧应力得到有效缓解，降为原始无加固状态的45.3%。

（3）拟合获得不同顶拱结构下4#应变片应力σ（MPa）与顶拱水平荷载F（kN）之间的演化关系为：

原始结构：$\sigma=2.274F-5.707$；

顶板横梁加固结构：$\sigma=0.974F-2.469$。

6.4.4.3　底拱位置荷载-应力演化规律分析

底拱位置应力数值为水平荷载和竖直荷载叠加作用的结果，鉴于底拱受力结构的复杂性，同时考虑两荷载的比例关系，选取底拱位置水平荷载-应力演化关系进行分析，具体应力演化规律如图6-38所示，同一荷载下应力数值较大的22#应变片应力演化规律对比如图6-39所示，分析获得主要结论如下：

（1）对比5个模型荷载-应力演化规律，底拱内侧应力演化规律较复杂。在模型一中，22#应变片为底拱最大应力位置，随荷载的增加应力数值呈现线性增长趋势；在模型二、模型三、模型四和模型五中，腹板位置20#应变片应力数值随荷载的增加呈现非线性增长趋势，在临近屈服前成为底拱最大应力位置。5个模型中，底拱内侧21#应变片应力数值相对较小，19#应变片在30 kN荷载时达到100 MPa左右的应力水平，之后随荷载的增加应力增长幅度相对较小。

（2）结合应变片粘贴方向，22#应变片对应底拱内侧翼缘平行方向，该位置呈现拉应力状态，20#应变片对应腹板位置翼缘平行方向，该位置呈现压应力状态。由于底拱受力状态的复杂性，结合加载方式及其对应的应力显现形式，确定底拱内侧在水平荷载作用下呈现拉应力状态，腹板位置在竖直荷载作用下呈现压应力状态。

（3）对比模型一、模型二和模型三中22#应变片应力演化规律，模型一应力

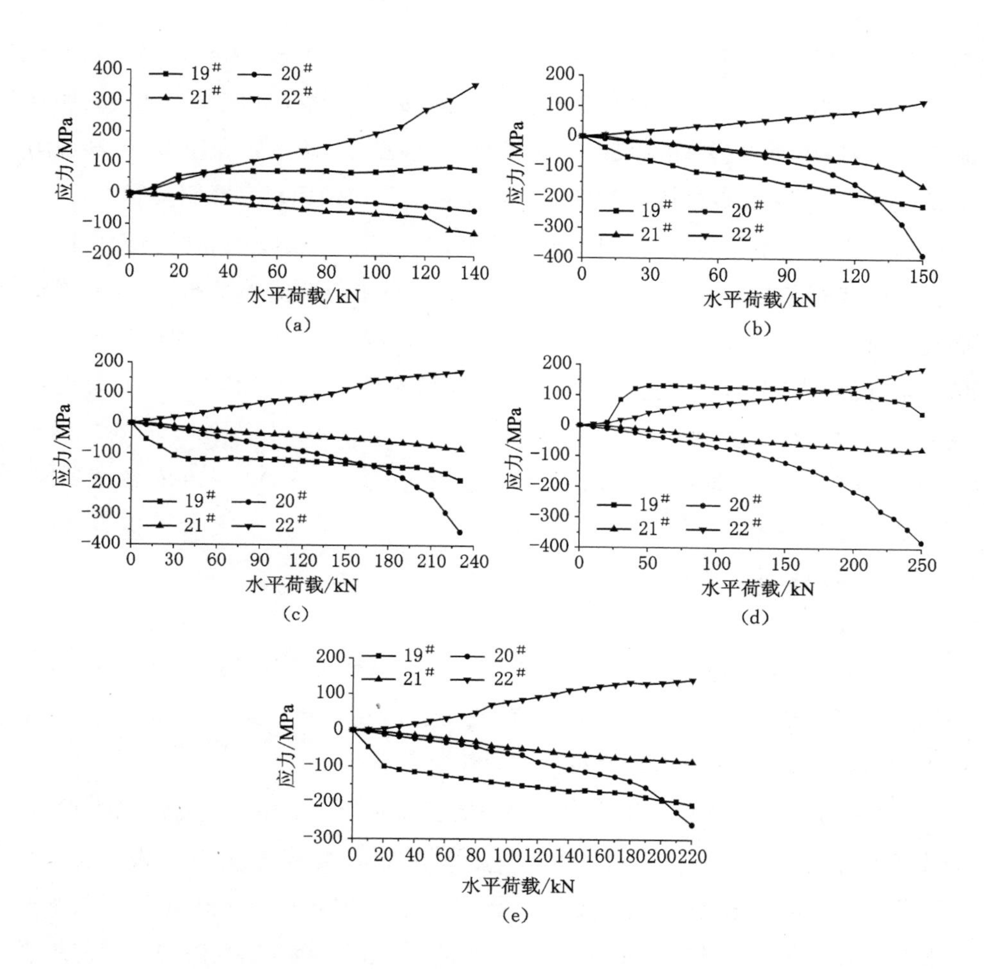

图 6-38　荷载作用下底拱应力演化规律

(a) 模型一；(b) 模型二；(c) 模型三；(d) 模型四；(e) 模型五

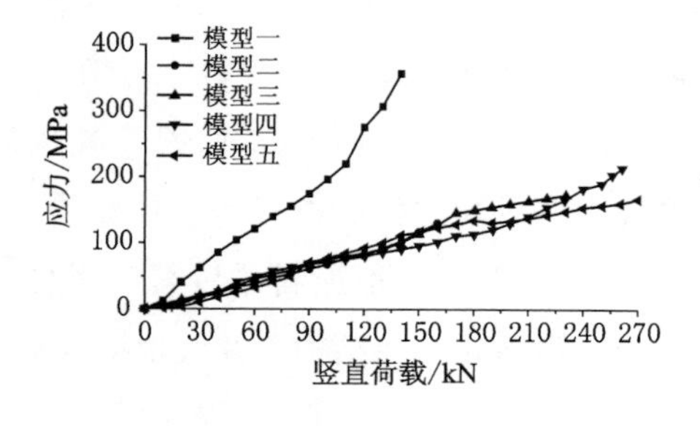

图 6-39　底拱 22# 应变片应力演化规律对比

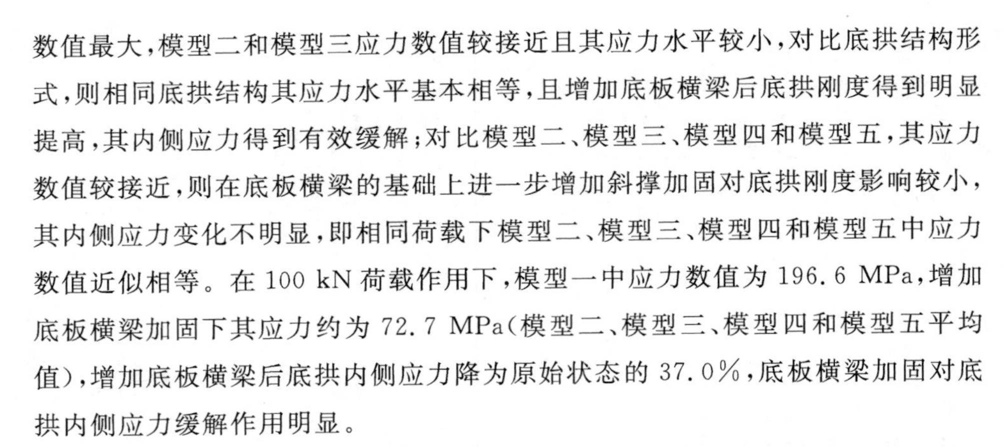

数值最大，模型二和模型三应力数值较接近且其应力水平较小，对比底拱结构形式，则相同底拱结构其应力水平基本相等，且增加底板横梁后底拱刚度得到明显提高，其内侧应力得到有效缓解；对比模型二、模型三、模型四和模型五，其应力数值较接近，则在底板横梁的基础上进一步增加斜撑加固对底拱刚度影响较小，其内侧应力变化不明显，即相同荷载下模型二、模型三、模型四和模型五中应力数值近似相等。在 100 kN 荷载作用下，模型一中应力数值为 196.6 MPa，增加底板横梁加固下其应力约为 72.7 MPa（模型二、模型三、模型四和模型五平均值），增加底板横梁后底拱内侧应力降为原始状态的 37.0%，底板横梁加固对底拱内侧应力缓解作用明显。

(4) 拟合获得不同结构中 22# 应变片位置应力 σ(MPa)与水平荷载 F(kN)之间的演化关系为：

原始结构：$\sigma=1.979F+0.331$；

底板横梁加固结构：$\sigma=0.75F-3.818$。

可以看出，该拟合规律与顶拱位置 4# 应变片荷载-应力拟合规律基本一致，原始状态下支架刚度最小，其应力数值增长最快，在底板横梁加固作用下，底拱刚度明显提高，其应力增长速率得到有效缓解。

(5) 由于底拱腹板位置压应力主要是竖直荷载作用的结果，对应生成 20# 应变片竖直荷载-应力演化关系如图 6-40 所示。可以看出，模型一应力数值最小且其随荷载的增加变化幅度较小，模型二、模型三、模型四和模型五中，除模型二由于加载架的影响结构较早失稳外，其余应力数值较接近且其演化规律一致，随荷载的增加均呈现非线性增长趋势，并且其应力水平较模型一有了较大幅度的提高。由于 20# 应变片应力增加主要是竖直荷载作用的结果，则说明模型一原始结构拱底位置对竖直荷载的承载能力较弱，竖直荷载的增加对其应力几乎无影响，而在模型二、模型三、模型四和模型五中，随荷载的增加腹板应力增长明显，则增加底板横梁后底拱的整体效应显著，竖直方向荷载由底板横梁和底拱形成的结构体共同承载，相应的其竖直荷载承载能力有了较大幅度的提高。而在模型三、模型四和模型五中应力数值较接近，则在横梁的基础上增加斜撑后其对竖直荷载承载能力的进一步提高作用不明显。拟合获得原始支架结构以及底板横梁加固结构底拱腹板 20# 应变片应力 σ(MPa)与竖直荷载 F(kN)之间的演化关系为：

原始结构：$\sigma=-11.072e^{\frac{F}{81.223}}+7.255$；

底板横梁加固结构：$\sigma=-35.655e^{\frac{F}{209.227}}+27.633$。

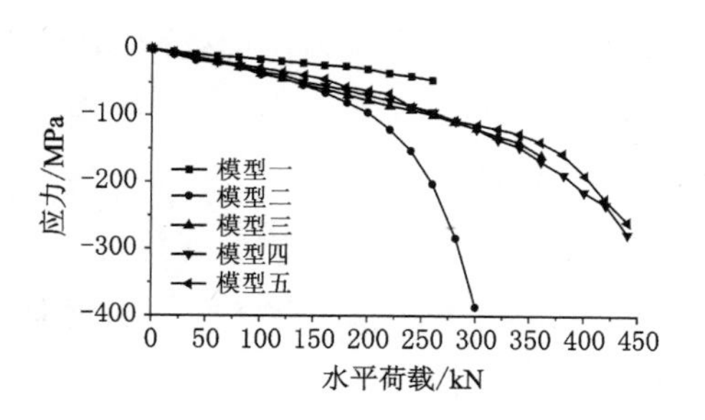

图 6-40　底拱 20# 应变片应力演化规律对比

6.4.4.4　拱基位置荷载-应力演化规律分析

上拱基 9#、10#、11#、12# 应变片竖直荷载-应力演化规律如图 6-41 所示，获得主要结论如下：

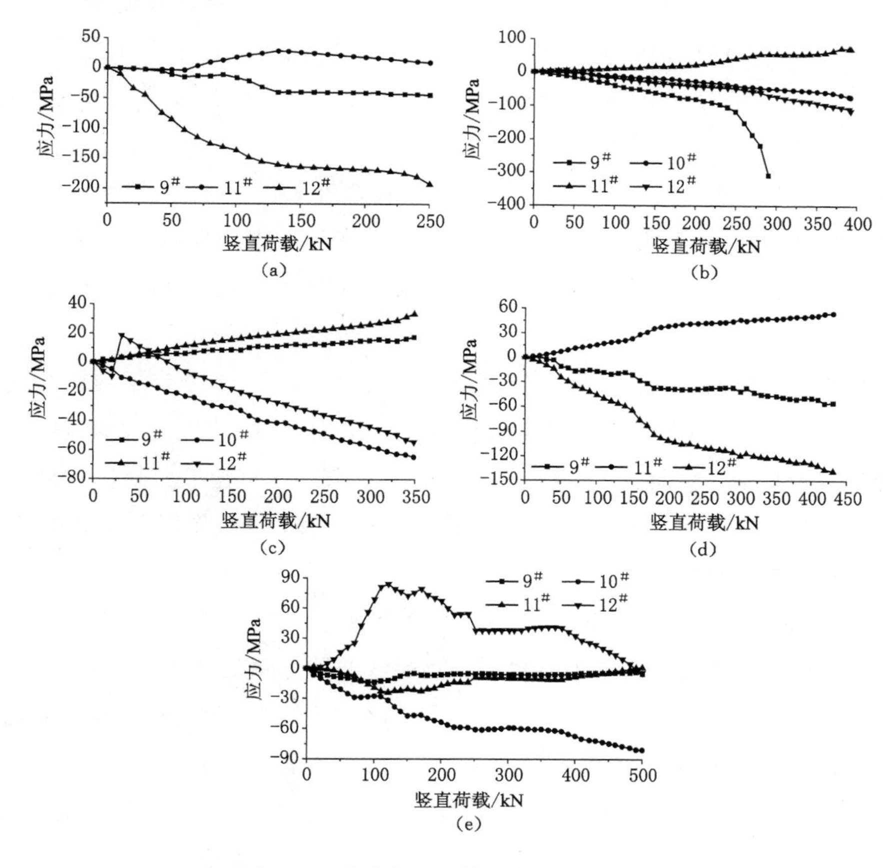

图 6-41　荷载作用下拱基应力演化规律

(a) 模型一；(b) 模型二；(c) 模型三；(d) 模型四；(e)模型五

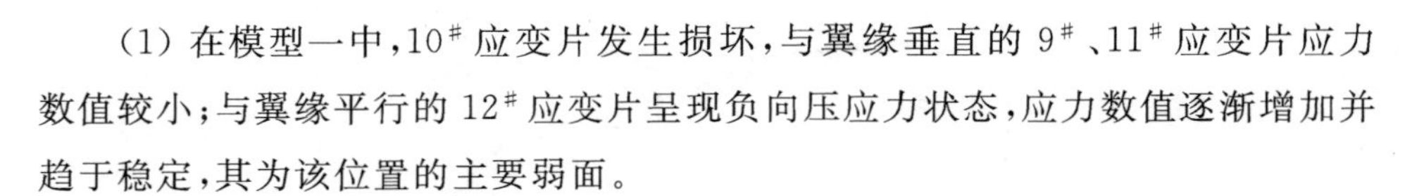

(1) 在模型一中,$10^{\#}$应变片发生损坏,与翼缘垂直的$9^{\#}$、$11^{\#}$应变片应力数值较小;与翼缘平行的$12^{\#}$应变片呈现负向压应力状态,应力数值逐渐增加并趋于稳定,其为该位置的主要弱面。

(2) 在模型二中,与翼缘平行的$10^{\#}$、$12^{\#}$应变片应力数值较小;与翼缘垂直的$9^{\#}$、$11^{\#}$应变片应力数值较大,其中,$9^{\#}$应变片呈现负向压应力状态,随荷载的增加应力数值非线性增长,$11^{\#}$应变片呈现正向拉应力状态,随荷载的增加应力数值线性增长。$9^{\#}$应变片对应的垂直翼缘位置为该位置的主要弱面。

(3) 在模型三中,随荷载的增加应力数值均呈现线性增长趋势,其中,$9^{\#}$、$11^{\#}$应变片应力数值较接近且呈现正向拉应力状态;$10^{\#}$、$12^{\#}$应变片应力数值相差不大且呈现负向压应力状态,$12^{\#}$应变片在 30 kN 荷载下应力发生突变。$10^{\#}$应变片对应的翼缘平行位置为最大应力位置,为该位置的主要弱面。

(4) 在模型四中,$10^{\#}$应变片发生损坏,$11^{\#}$应变片呈现正向拉应力状态,$9^{\#}$、$12^{\#}$应变片呈现负向压应力状态。其中,$12^{\#}$应变片应力数值较大,为该位置的主要弱面。

(5) 在模型五中,$9^{\#}$、$11^{\#}$应变片应力数值较小;$10^{\#}$、$12^{\#}$应变片应力数值较大,但其应力变化无明显规律性,其中$12^{\#}$应变片呈现正向拉应力状态,$10^{\#}$应变片呈现负向压应力状态,$10^{\#}$应变片随荷载的增加应力数值逐渐增加,为该位置的主要弱面。

总结 5 个模型拱基位置应力演化规律,模型一和模型四中支架内侧与翼缘平行的$12^{\#}$应变片位置为其主要弱面位置;模型二中腹板$9^{\#}$应变片对应的垂直翼缘位置为其主要弱面位置;模型三和模型五中腹板$10^{\#}$应变片对应的翼缘平行位置为其主要弱面位置,则在水平荷载和竖直荷载的双重作用下,拱基位置应力演化规律无明显规律性。

6.4.4.5 *底拱两侧位置荷载-应力演化规律分析*

底拱两侧位置应力为水平荷载和竖直荷载共同作用的结果,考虑荷载的比例关系,选取底拱两侧位置$17^{\#}$、$18^{\#}$、$23^{\#}$、$24^{\#}$应变片竖直荷载-应力演化规律进行分析,具体演化规律如图 6-42 所示,获得主要结论如下:

(1) 在模型一中,与翼缘垂直的$17^{\#}$、$23^{\#}$应变片呈现正向拉应力状态,$18^{\#}$、$24^{\#}$应变片呈现负向压应力状态,且负向应力数值大于正向应力数值,其中,支架中心线上方的$18^{\#}$应变片位置为最大应力位置。

(2) 在模型二中,$17^{\#}$、$18^{\#}$应变片应力数值较小,主要呈现负向压应力状

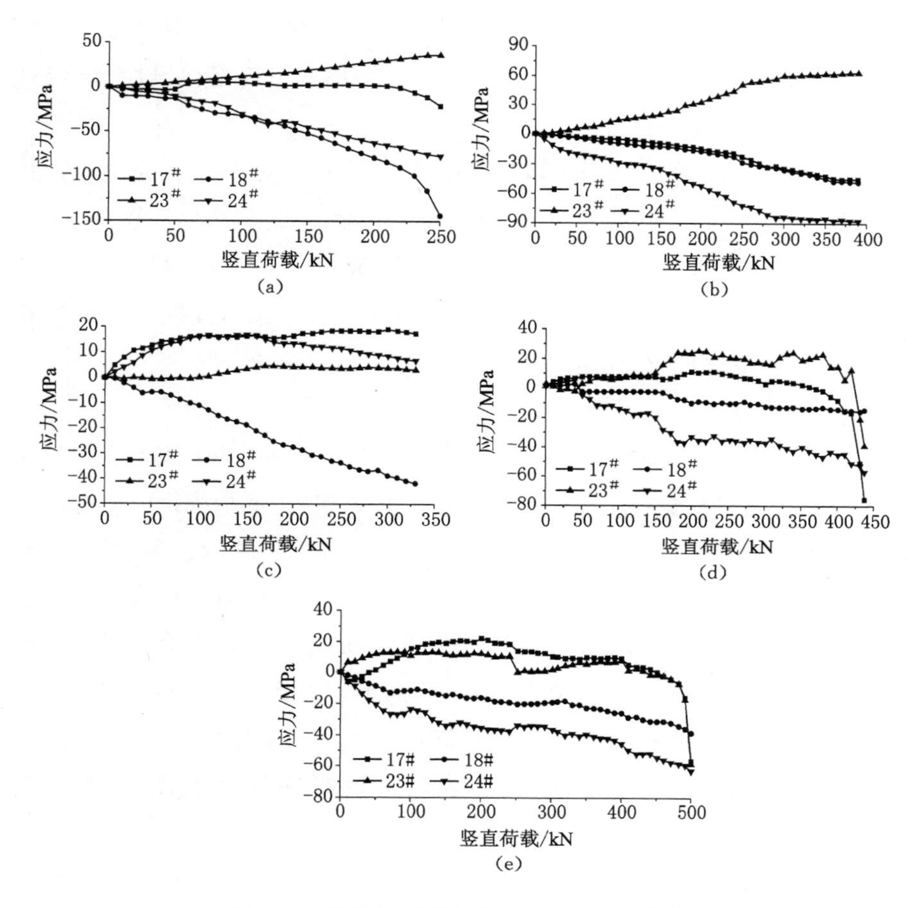

图 6-42 荷载作用下底拱两侧应力演化规律

(a) 模型一；(b) 模型二；(c) 模型三；(d) 模型四；(e)模型五

态；23#、24# 应变片应力数值较大，其中，23# 应变片呈现正向拉应力状态，24# 应变片呈现负向压应力状态，且其为最大应力位置。加载过程中，应力演化规律呈现分段现象，在 250 kN 以前，应力数值呈现近于线性增长趋势，250 kN 之后应力数值逐渐趋于稳定。

（3）在模型三中，17#、24# 应变片应力数值较接近且呈现正向拉应力状态，但总体应力数值不大；23# 应变片应力数值较小，几乎为 0；18# 应变片应力数值呈现负向压应力状态且呈现线性增加趋势，其中，18# 应变片位置为最大应力位置。

（4）在模型四中，17#、23# 应变片呈现正向拉应力状态，其变化无明显规律性；18#、24# 应变片呈现负向压应力状态，其中，18# 应变片应力数值较小，24# 应变片位置为最大应力位置，且其应力变化呈现近似线性增长趋势。

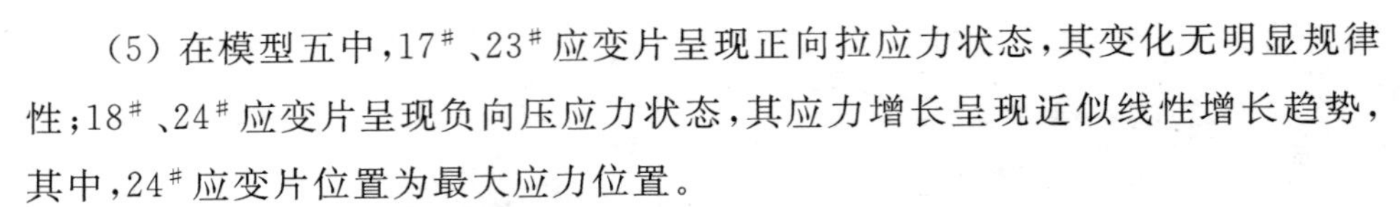

(5) 在模型五中,17#、23# 应变片呈现正向拉应力状态,其变化无明显规律性;18#、24# 应变片呈现负向压应力状态,其应力增长呈现近似线性增长趋势,其中,24# 应变片位置为最大应力位置。

总结 5 个模型底拱两侧应力演化规律,模型一和模型三中,支架中心线上方与翼缘平行的 18# 应变片位置为最大应力位置;模型二、模型四和模型五中,支架中心线下方与翼缘平行的 24# 应变片位置为最大应力位置。可以看出,在水平荷载和竖直荷载共同作用下,底拱两侧与翼缘平行的腹板位置为主要弱面位置,其应力状态呈现负向的压应力状态。

6.4.4.6 底板横梁荷载-应力演化规律分析

底板横梁竖直荷载-应力演化关系如图 6-43 所示。随着荷载的增加,除模型五中应力数值有所波动外,模型二、模型三和模型四中底板横梁应力均呈现线性增长趋势。结合应变片粘贴位置及方向,确定在横梁腹板及其侧面位置,垂直翼缘方向呈现拉应力状态,平行翼缘方向呈现压应力状态,且压应力数值明显大于拉应力数值,即底板横梁内以竖直荷载产生的压应力为主,在有效提高底板横梁强度的同时其竖直承载能力将得到进一步提升。对比拉应力和压应力演化规律,在横梁腹板及其侧面位置,拉应力数值及其演化规律基本一致,而该两位置压应力演化规律基本一致,但由于竖直荷载作用线偏差导致其压应力数值呈现差异性。

6.4.4.7 顶板横梁荷载-应力演化规律分析

顶板横梁水平荷载-应力演化关系如图 6-44 所示。对比 3 个模型顶板横梁应力演化规律,顶板横梁仅 41# 应变片应力数值较大,其他位置应力数值均较小,且该处位置呈现拉应力状态,则在顶板横梁的拉应力作用下,支架肩部外向扩张变形受到限制。同时在顶板横梁的加固作用下,顶拱位置“三角形”效应显著,其对保持顶拱结构稳定、提高顶拱强度具有重要作用。

6.4.4.8 底板斜撑荷载-应力演化规律分析

模型四和模型五中底拱范围内,底板斜撑水平荷载-应力演化关系如图 6-45 所示。对比两个模型底板斜撑应力演化规律,斜撑应力水平均较低,在加载范围内始终处于屈服应力范围内。两模型中应力数值较大的 48#、52# 应变片应力位置均呈现压应力状态,其中 52# 应变片为最大应力位置。结合应变片粘贴位置及方向,确定底板斜撑主要承受水平荷载的压应力作用,靠近支架中心线的斜撑内侧位置为其主要弱面位置。

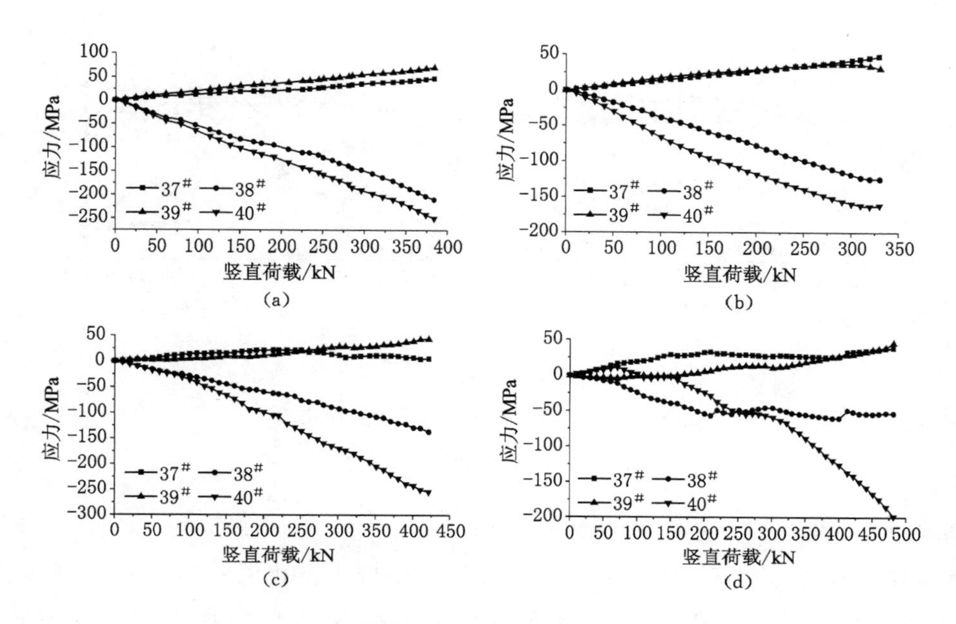

图 6-43 荷载作用下底板横梁应力演化规律

(a) 模型二;(b) 模型三;(c) 模型四;(d) 模型五

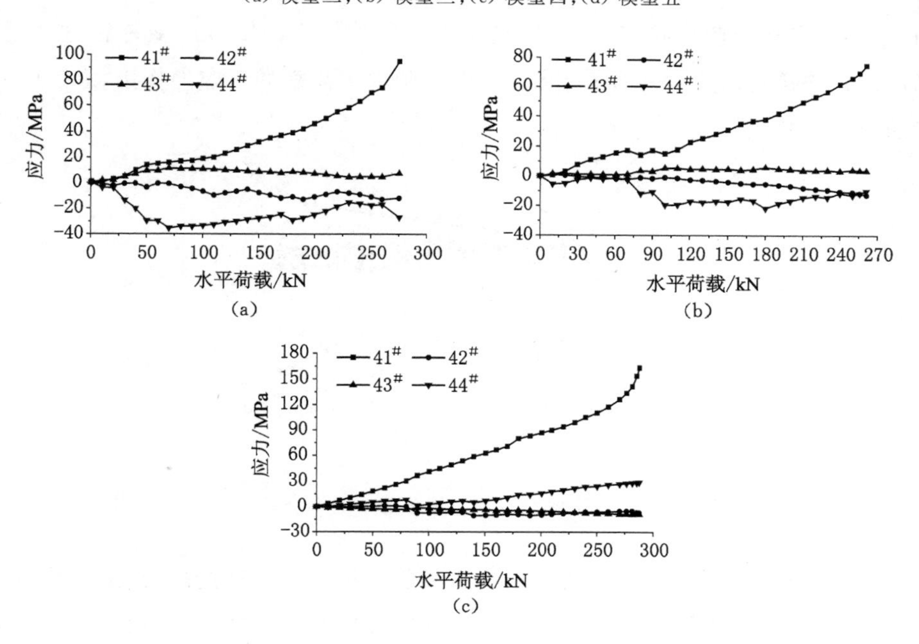

图 6-44 荷载作用下顶板横梁应力演化规律

(a) 模型三;(b) 模型四;(c) 模型五

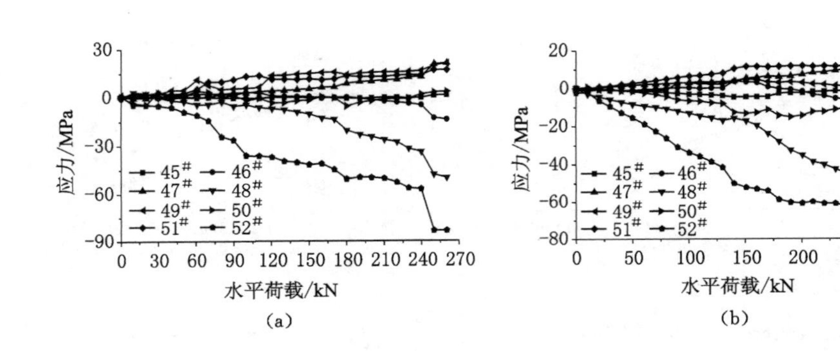

图 6-45　荷载作用下底板斜撑应力演化规律

(a) 模型四;(b) 模型五

6.4.4.9　顶板斜撑荷载-应力演化规律分析

模型五中顶拱范围内,顶板斜撑水平荷载-应力演化关系如图 6-46 所示。可以看出,随水平荷载的增加应力数值线性增加,加载范围内斜撑应力水平较低,始终处于屈服应力范围内。其中,模型中的 56#、60# 应变片位置应力数值相对较大,呈现压应力状态,其他位置应力数值均较小。结合应变片粘贴位置,确定顶板斜撑与底板斜撑作用相似,主要承受水平荷载的压应力作用,靠近中心线的内侧位置为其主要弱面位置。

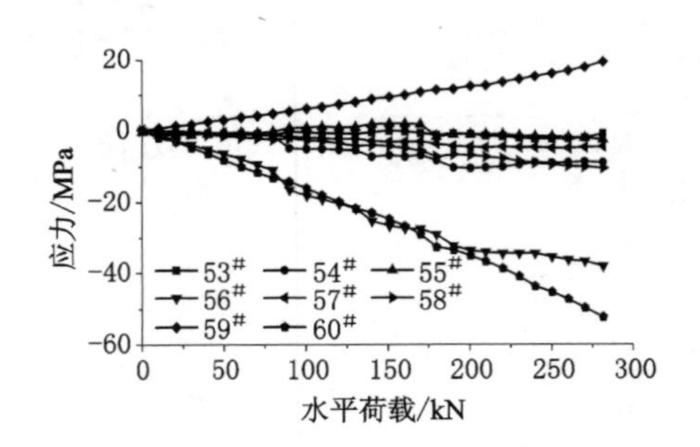

图 6-46　荷载作用下顶板斜撑应力演化规律

综合支架应力演化规律,增加顶板横梁后顶拱刚度明显提高,顶拱应力得到有效缓解,而在顶板横梁的基础上增加斜撑对顶拱刚度影响不大,顶拱应力变化不明显;增加底板横梁对底拱内侧应力缓解作用明显,而在底板横梁的基础上进一步增加斜撑加固对底拱内侧应力缓解作用不明显,同时增加底板横梁后底拱腹板对应位置应力明显提高,相应的其竖直方向承载能力明显提高,而在横梁的

基础上进一步增加斜撑加固对竖直承载能力的进一步提高作用不明显；拱基和底拱两侧位置在水平荷载和竖直荷载的双重作用下，其应力演化无明显规律性；在整个加载过程中，顶底板横梁和顶底板斜撑应力均较小，为支架破坏的次要弱面。

6.5 本章小结

本章主要对5个结构模型进行了相似模拟试验研究，获得了不同结构的变形失稳过程，极限承载强度，刚度演化规律，应力、位移演化规律等内容，获得主要结论如下：

(1) 顶底拱位置的平面外失稳是引起支架整体失稳的关键。顶拱位置主要发生支架中心线上方0.41 m位置的扭曲失稳，扭曲方向具有明显的随机性；底拱位置主要发生支架中心线上方0.66 m位置的弯折失稳，除模型三底拱弯折方向不同外，其余模型弯折方向一致，沿支架中心线，自底拱向顶拱方向，底拱均发生“＜”形式的弯折破坏。

(2) 5个模型水平方向极限承载能力分别为176.8 kN、162.5 kN、277 kN、261.3 kN、288.3 kN，竖直方向极限承载能力分别为258.8 kN、392.1 kN、351 kN、436.9 kN、501.9 kN，根据荷载-位移曲线对应获得5个模型顶拱水平方向弹性刚度分别为10.746、9.878、31.508、27.701、36.678，底拱竖直方向弹性刚度分别为21.831、78.069、76.766、72.769、80.604。

(3) 结合应力、位移演化规律，获得增加顶板横梁对提高顶拱强度、刚度作用明显，增加顶板横梁后，顶拱强度提高为原始状态的1.587倍，刚度提高为原始状态的2.871倍；在有横梁的基础上增加斜撑后，顶拱强度和刚度进一步提高程度不明显，仅提高为增加顶板横梁加固状态的1.071倍和1.239倍。

(4) 结合应力、位移演化规律，获得增加底板横梁对提高竖直强度、刚度作用明显，增加底板横梁后，竖直强度提高为原始状态的1.436倍，刚度提高为原始状态的3.546倍；在有横梁的基础上增加斜撑后，竖直强度和刚度进一步提高程度不明显，其强度仅提高为增加底板横梁加固状态的1.263倍，刚度数值与仅增加底板横梁加固状态近于一致。

(5) 模型屈服失稳后，底拱呈现峰值荷载后的二次承载现象，该二次承载强

度远远大于原始支架的最大强度，该特点可满足深井高应力软岩巷道让压支护的需要。

（6）顶板横梁在有效提高顶拱强度的同时，起到一定限制结构平面外失稳的作用，在顶底板横梁的基础上增加斜撑加固对进一步限制顶底拱平面外失稳作用不明显。

（7）结合第5章顶底板横梁位置改变对支架强度的影响规律，在模型三中，顶板横梁的上移、底板横梁的下移后，支架极限承载能力将得到进一步提升。

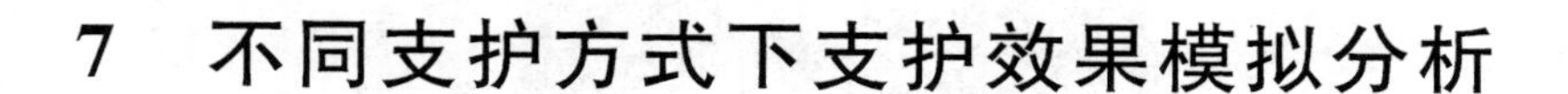

7 不同支护方式下支护效果模拟分析

通过相似模拟试验获得了不同改进支架结构下顶底拱强度、刚度演化规律。本章主要通过数值模拟的方法研究改进支架结构对围岩的控制效果，通过对比分析围岩应力、位移、塑性区演化规律，确定适合现场的高强度支护方式。鉴于FLAC^{3D}数值模拟软件在模拟大变形中的独特优势，本章选用FLAC^{3D}模拟软件进行模拟分析。

7.1 模拟方案的确定

为有效对比不同支护方式对围岩的控制效果，建立以下4种模型模拟分析：

（1）无支护模型。模拟分析巷道开挖后无支护条件下围岩应力、位移演化规律，作为对比支护效果的基础。

（2）封闭U36型钢支护模型。根据现场巷道具体尺寸建立模型，采用1 m高度反底拱的封闭U36型钢支架进行支护，支架棚距700 mm，底拱范围内浇筑混凝土进行加固，模拟分析巷道围岩应力、位移演化规律。

（3）封闭U36型钢改进结构支护模型。结合支架强度相似模拟试验结果，在反底拱支架的基础上，选取增加顶底板横梁支架结构对巷道进行加强支护，支架具体结构形式及尺寸如图6-1(c)所示，模拟分析巷道围岩应力、位移演化规律。

（4）封闭U36型钢改进支架＋周边锚杆＋底板锚杆（索）支护模型。在封闭U36型钢改进支架结构的基础上，增加周边锚杆、底板锚杆（索）加强支护。锚杆型号为ϕ20 mm×2 500 mm，加长锚固，锚杆间排距为700 mm×700 mm，底板加固方式以锚杆为主，锚索补强为辅，在底板中间及其两底角位置布置3根锚杆，锚杆参数与周边锚杆一致，同时在底板中心线两侧各1.1 m位置对称布置两根锚索进行补强，锚索型号为ϕ15.6 mm×7 000 mm，锚索排距为2.8 m。

7.2 模型的建立及基本力学参数的确定

为有效模拟不同支护方式下围岩变形规律，结合现场巷道尺寸，确定模型尺寸为50 m×10 m×40 m，模型具体尺寸如图7-1所示。

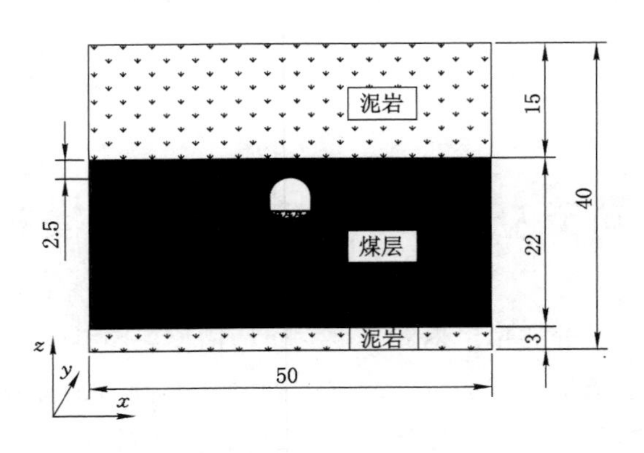

图 7-1 模型尺寸图

模型四周约束水平位移，底部约束垂直位移。岩层采用摩尔-库仑模型、U36 型钢支架采用 Beam 单元、锚杆(索)采用 Cable 单元进行模拟。在模型表面施加外力进行现场地应力以及膨胀压力的模拟。根据巷道封闭支护相似模拟试验结果，借鉴模型三破坏时的加载级别，确定数值模型外力水平为垂直荷载 26.35 MPa、水平荷载 30.86 MPa。模拟方案对应的 4 个模型如图 7-2 所示。根据现场地质报告，确定数值模型中煤层、泥岩基本力学参数见表 7-1，确定 U36 型钢基本力学参数见表 5-1，锚杆基本力学参数见表 7-2。

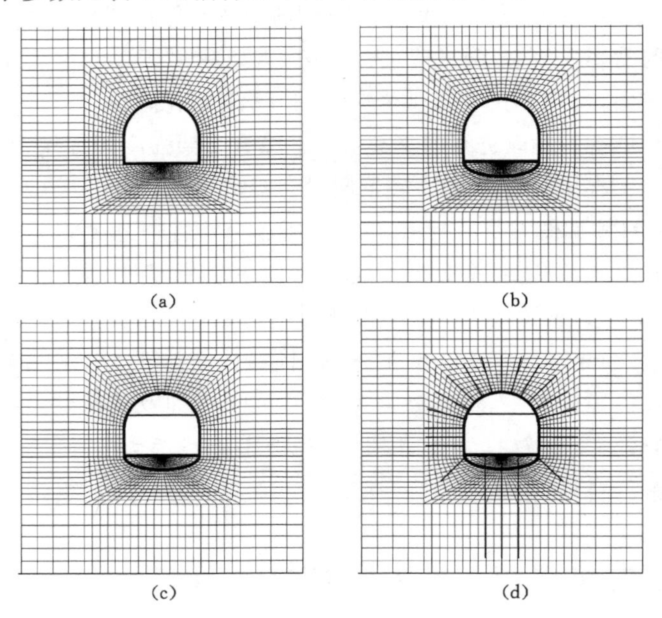

图 7-2 模拟方案图

(a) 模型一；(b) 模型二；(c) 模型三；(d) 模型四

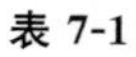

表 7-1　　岩层力学参数表

名称	密度 /(kg/m³)	抗拉强度 /MPa	内聚力 /MPa	内摩擦角 /(°)	剪切模量 /GPa	体积模量 /GPa
泥岩	2 000	0.12	0.32	27	0.192	0.417
煤层	1360	0.40	0.50	38	0.160	1.240

表 7-2　　锚杆力学参数表

名称	弹性模量/GPa	抗拉强度/kN	预应力 /kN	直径 /mm	长度 /mm	锚固黏结力 /(kN/m)	锚固体内摩擦角/(°)	锚固体刚度/MPa	锚固体外圈周长/mm
数值	200	130	60	20	2 500	2 000	30	17	110

7.3　模拟结果分析

7.3.1　位移演化规律分析

7.3.1.1　顶板位移演化规律分析

模拟获得不同支护条件下覆岩下沉量演化规律如图 7-3 所示，顶板下沉量对比如图 7-4 所示。由于覆岩整体发生一定程度的下沉，顶板最大下沉量减去覆岩整体下沉量（稳定下沉量）即为不同支护条件下的顶板下沉量，4 种模型中顶板最大下沉量分别为 1 265.5 mm、754.3 mm、407.3 mm、156.4 mm，而围岩整体下沉量分别为 469.8 mm、218.7 mm、123.6 mm、45.1 mm，对应获得顶板下沉量分别为 795.7 mm、535.6 mm、283.7 mm、111.3 mm，顶板下沉量对比直方图如图 7-4 所示。随着支护强度的提高，顶板下沉量呈现非线性降低趋势，较无支护状态下，在模型二、模型三和模型四中顶板下沉量分别减少 32.7%、64.3%、86.0%；较 U36 型钢支护形式下，模型三和模型四中顶板下沉量分别减少 47%、79.2%。可以看出，在改进 U36 型钢加固方式下，顶板下沉量得到有效控制，其顶板下沉量较 U36 型钢原始支护减少近一半，改进支架的加固作用明显；在改进支架的基础上进一步增加锚杆、锚索支护，顶板下沉量减少为 111.3 mm，经过维修可以满足现场生产要求。

7.3.1.2　左帮位移演化规律分析

不同支护方式下，两帮围岩位移量近于相等，选取左帮围岩位移量对比分析，获得不同支护方式下巷道左帮位移演化规律如图 7-5 所示，左帮位移量对比

如图 7-6 所示。在 4 种支护形式下巷道左帮位移量分别为 685 mm、538.7 mm、332.0 mm、100.5 mm，获得对应的位移对比直方图如图 7-6 所示。随着支护强度的提高，左帮位移量呈现线性降低趋势，较无支护状态下，模型二、模型三和模型四左帮位移量分别减少 21.4%、51.5%、85.3%；较 U36 型钢支护形式下，模型三和模型四左帮位移量分别减少 38.4%、81.3%。在改进 U36 型钢支架＋锚杆(索)支护形式下左帮位移量减少为 100.5 mm，此时巷道两帮收敛量为 201 mm，经过维修后可以满足现场使用要求。

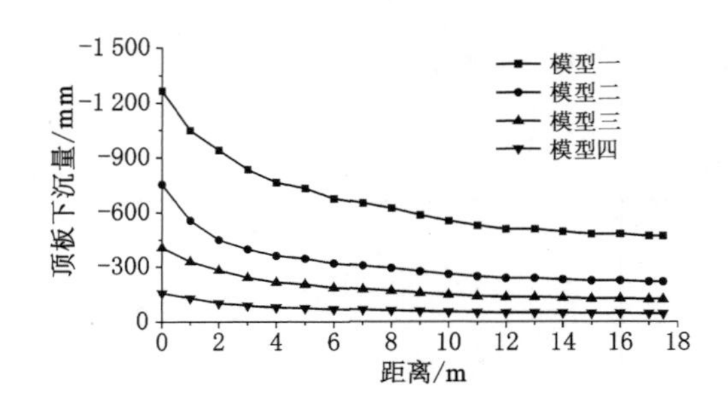

图 7-3　顶板下沉量演化曲线图

图 7-4　顶板下沉量对比图

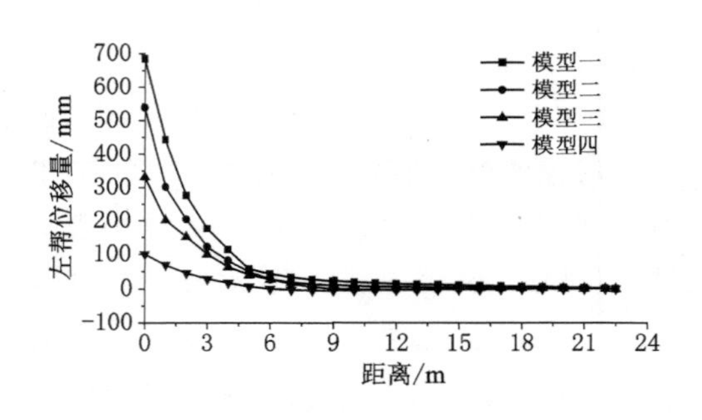

图 7-5　左帮位移量演化曲线图

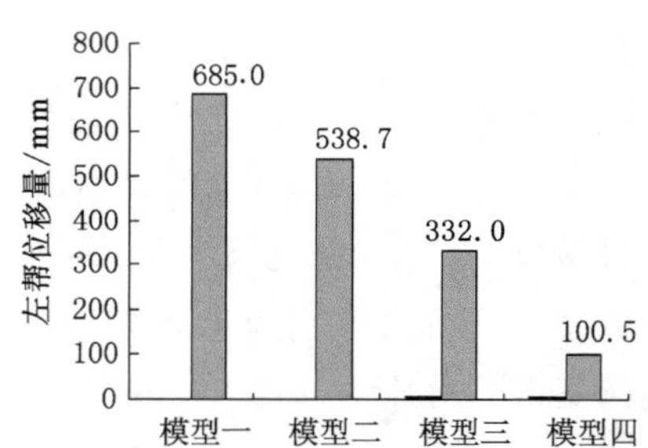

图 7-6　左帮位移量对比图

7.3.1.3　底板位移演化规律分析

底板岩层底鼓量演化规律如图 7-7 所示，底鼓量对比如图 7-8 所示。在同一种支护方式下随着深度的增加，围岩变形量逐渐减小。不同支护方式下，随着支护强度的提高，同一深度岩层底鼓量逐渐减小。在 4 种支护形式下底鼓量分别为1 427.5 mm、1 064.8 mm、652.2 mm、221.3 mm。随着支护强度的提高，底鼓量呈现线性降低趋势，较无支护方式下，模型二、模型三和模型四中底鼓量分别减少25.4%、54.3%、84.5%；较 U36 型钢支护形式下，模型三和模型四中底鼓量分别减少 38.7%、79.2%。可以看出，在改进 U36 型钢支架＋锚杆(索)支护形式下巷道底鼓量得到有效控制，底鼓量大大降低，其值减少为 221.3 mm。

综合 4 种支护形式下围岩位移演化规律，改进支架对围岩的控制效果较好，在此基础上锚杆(索)的加固作用得到充分发挥，围岩位移量得到有效控制，实现了改进支架和锚杆(索)支护效果的耦合，在改进 U36 型钢支架＋锚杆(索)支护形式下顶板下沉量为 111.3 mm，两帮收敛量为 201 mm，底鼓量为 221.3 mm，经过简单的维修可以满足现场使用要求。

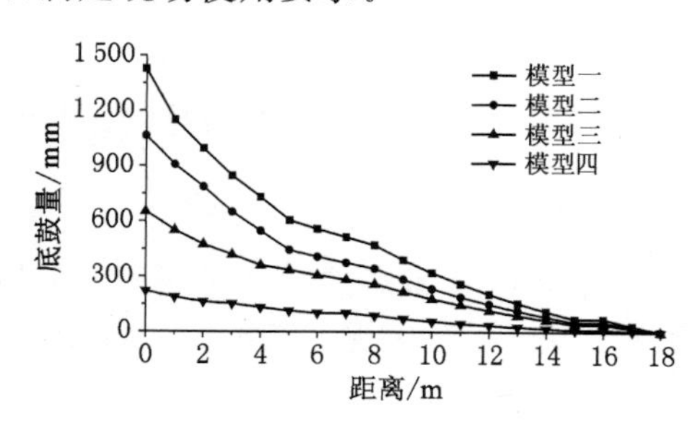

图 7-7　底鼓量演化曲线图

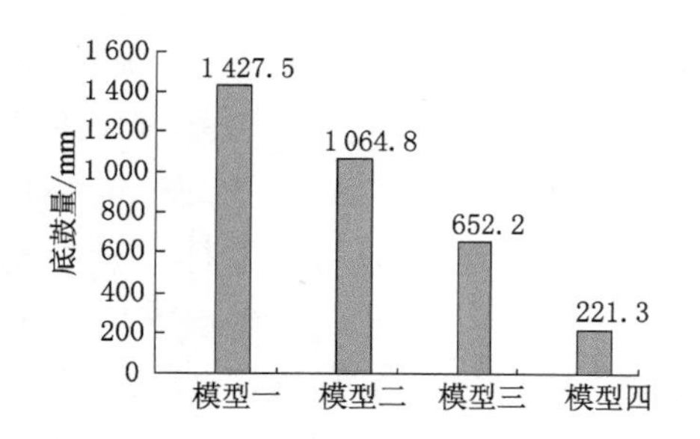

图 7-8　底鼓量对比图

7.3.2　应力演化规律分析

7.3.2.1　顶板应力演化规律分析

不同支护方式下顶板位置垂直应力演化规律如图 7-9 所示。随着与顶板距离的增加，围岩应力逐渐增加并趋于稳定。在 4 种模型中，顶板位置围岩应力分别为 0.16 MPa、1.476 MPa、2.536 MPa、3.2 MPa，可以看出，随着支护强度的提高，顶板应力得到大幅度提高，改进 U36 型钢支护方式下，顶板应力提高为原始 U36 型钢支护方式下的 1.718 倍，在改进 U36 型钢的基础上增加锚杆支护后顶板应力进一步提高，其提高为改进 U36 型钢支护的 1.262 倍，在此状态下顶板岩层完整性较好，围岩承载能力明显增强，抑制围岩膨胀变形的能力明显提高。

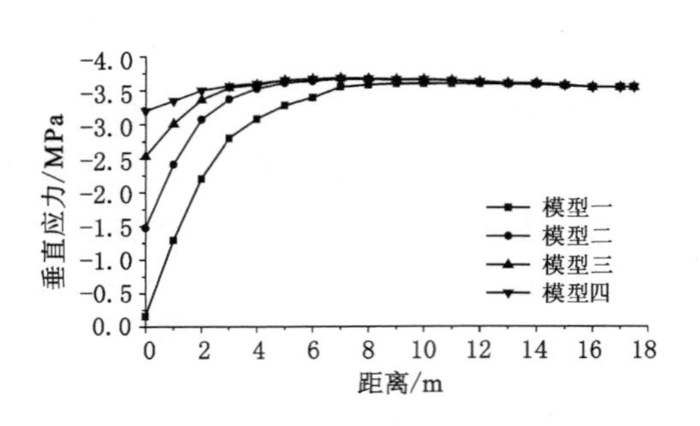

图 7-9　顶板覆岩应力演化规律

7.3.2.2　左帮应力演化规律分析

巷道两帮位置主要发生指向巷道内部的水平位移，因此在两帮位置主要考虑水平应力的影响，两帮水平应力演化规律基本一致，选取巷道左帮围岩应力进行分析，不同支护形式下左帮水平应力演化规律如图 7-10 所示。在同一种支护形式下，随着与巷道距离的增加，围岩应力逐渐增加并趋于稳定。对比不同支护方式下围岩应力演化规律，随着支护强度的提高，围岩应力逐渐由受拉的正向应力转化为受压的负向应力状态，在无支护状态下，围岩呈现正向应力状态，为 0.519 MPa，在 U36 型钢及其改进支护方式下，模型二、模型三和模型四中帮部围岩呈现负向压应力状态，应力数值分别为 0.602 MPa、1.511 MPa、2.112 MPa，在改进 U36 型钢的基础上增加锚杆支护后左帮应力提高为改进 U36 型钢支护的 1.398 倍，提高为原始 U36 型钢支护的 3.508 倍。可以看出，随着支护强度的提高，帮部围岩应力状态得到有效改善，相应的围岩稳定性得到明显增强。

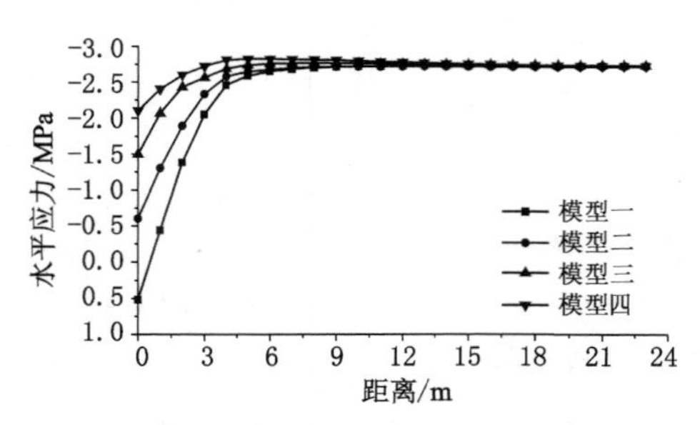

图 7-10　左帮围岩应力演化规律

7.3.2.3　底板应力演化规律分析

不同支护形式下巷道底板位置垂直应力演化规律如图 7-11 所示。随着与巷道距离的增加，围岩应力逐渐增加并趋于稳定。对比不同支护方式下围岩应力演化规律，随着支护强度的提高，底板应力逐渐由受拉的正向应力转化为受压

的负向应力状态，在无支护以及 U36 型钢支护状态下，围岩呈现正向应力状态，分别为 0.895 MPa 和 0.104 MPa，根据岩层抗压不抗拉的特性，说明在膨胀压力作用下，该处围岩发生严重的失稳破坏；随着支护强度的提高，在模型三和模型四中底板岩层呈现负向压应力状态，应力数值达到 1.059 MPa、2.012 MPa。可以看出，模型三和模型四支护方式对底板岩层的加固效果较好，底板岩层始终处于受压的负向应力状态，底板岩层稳定性较好。

综合不同支护方式下围岩应力演化规律，模型三和模型四围岩应力状态较模型一和模型二得到明显改善。随着支护强度的提高，围岩应力逐渐增强，对应围岩残余强度逐渐增强，围岩残余强度越高，对应围岩稳定性越好。可以看出，改进 U36 型钢支护方式下围岩应力得到有效改善，在此基础上增加锚杆(索)支护后围岩应力进一步提高，相应的围岩稳定性进一步增强。

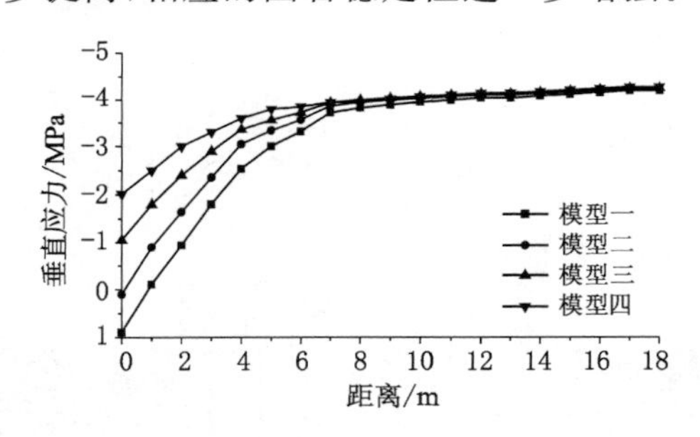

图 7-11　底板岩层应力演化规律

7.3.3　塑性区演化规律分析

不同支护方式下围岩塑性区扩展范围如图 7-12 所示。对比 4 种模型塑性区演化规律，底板位置围岩破坏最严重，塑性区扩展范围最大，两帮位置次之，顶板位置塑性区范围最小。在无支护条件下，底板及两帮的浅部岩层主要发生拉剪复合破坏，随着破坏向岩层深部扩展，其破坏形式逐渐演变为剪切单一破坏，在底板中心线斜向下方的 45°对称位置围岩塑性区扩展范围最深，并以剪切破坏为主。

在模型二中，底板、两帮围岩塑性区扩展范围明显减小，底板岩层主要表现为拉剪复合破坏形式，结合现场围岩破坏方式，对应表现为底板岩层的鼓起；在模型三中，底板塑性区扩展范围变化不明显，但其内部拉剪复合破坏范围显著减小，说明模型三支护方式对抑制底鼓作用明显；在模型四中，底板塑性区范围较模型三虽未发生明显变化，但两帮、顶板塑性区范围有一定程度的减小。可以看出，随着支护强度的提高，围岩塑性区扩展范围得到有效控制。

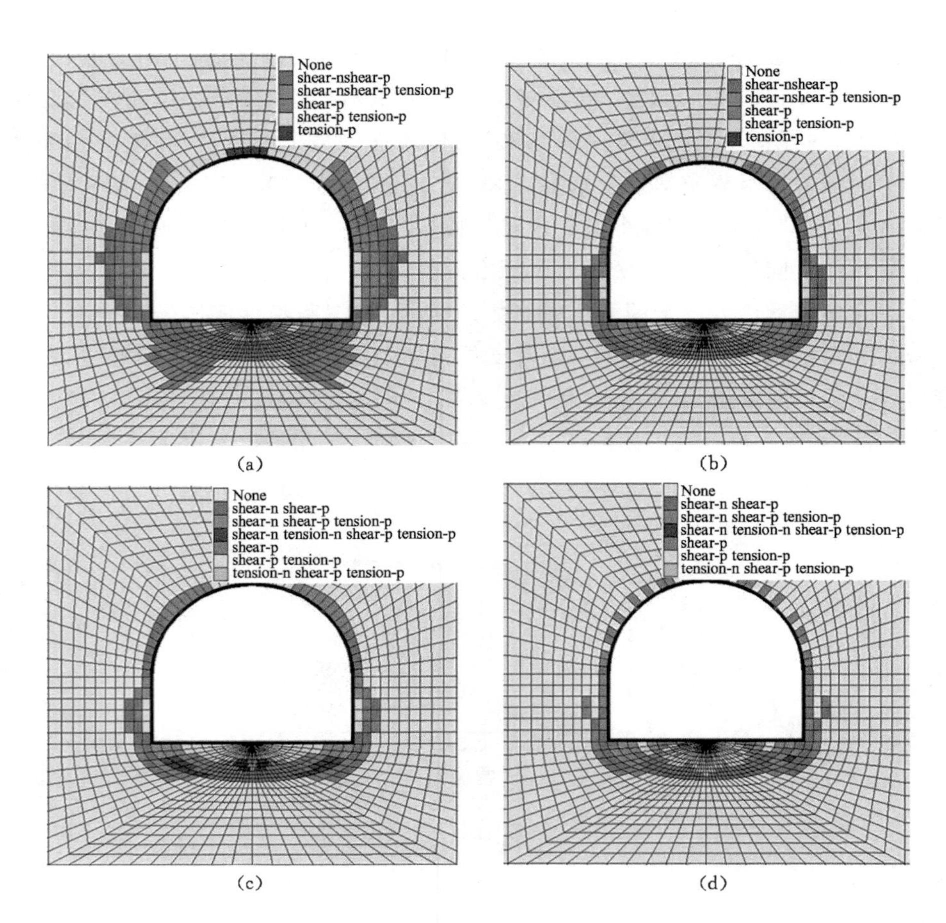

图 7-12　围岩塑性区扩展规律图

(a) 模型一；(b) 模型二；(c) 模型三；(d) 模型四

7.4　本章小结

本章通过数值模拟的方法对不同支护方式下围岩控制效果进行了模拟分析，获得了围岩应力、位移、塑性区演化规律，即：随着支护强度的提高，围岩变形量得到有效控制，围岩应力逐渐增强，围岩塑性区范围逐渐减小。其中，改进U36型钢支架对围岩的控制效果较好，围岩应力状态得到有效改善，底板塑性区拉剪复合破坏得到抑制；在此基础上增加锚杆加固后，围岩应力得到进一步提高，两帮、顶板塑性区扩展范围进一步减小，顶板下沉量、两帮移近量、底鼓量分别减少为 111.3 mm、201 mm、221.3 mm，经过简单的维修可以满足现场使用要求。

8 主要结论

本书采用现场实测、实验室试验、理论分析、相似模拟试验与数值模拟相结合的方法对查干淖尔一号井软岩巷道失稳机理及其控制对策进行了系统研究，确定了该地区围岩变形的主要压力来源，针对该膨胀性软岩提出了"硬抗"的支护思想；基于粒状材料静态力学行为建立了围岩塑性区扩展力学模型；结合相似模拟试验系统分析了封闭支护结构体对围岩的控制效果；改进了U36型钢支架结构，获得了高强度、高刚度支护结构体；通过相似模拟试验获得了改进型钢支架的具体强度、刚度参数，采用数值模拟方法对改进支架结构支护效果进行了验证，获得了以下主要结论。

（1）通过对该地区主要岩层（泥岩）进行成分测试、含水率测试、膨胀压力试验、地应力测试以及巷道围岩变形现场监测，获得主要结论如下：

① 通过测试获得顶底板泥岩中蒙脱石含量高达49.7%，确定其为极强膨胀性软岩；其含水率达到23.2%～30.4%，天然状态下试块遇水丧失承载能力，烘干状态下岩块遇水立即呈现泥化现象；充分浸水状态下，试块膨胀压力呈指数规律增长，最终获得顶底板泥岩膨胀压力为35.7～36.7 MPa，拟合获得膨胀压力p(MPa)与浸水时间t(min)之间的演化关系为：

$$p=-9.552e^{-\frac{t}{23.201}}-22.488e^{-\frac{t}{1\,195.509}}+38.594$$

② 综合地应力测试结果，获得查干淖尔一号井最大主应力为8.41～8.66 MPa，最小主应力为2.54～3.25 MPa，最大主应力与水平面夹角小于20°，确定该区地应力场以水平应力为主。

③ 对比获得该地区泥岩膨胀压力远远大于最大主应力，膨胀压力最大值为最大主应力最大值的4.238倍，证明膨胀压力为查干淖尔一号井巷道围岩破坏的主要压力来源。

④ 综合现场监测结果，结合岩层具体力学参数以及膨胀压力试验结果，得出该地区巷道围岩变形量大且岩层运动无稳定期，巷道底板为应力释放的主要弱面。确定其失稳机制是多种力学机制的复合，根本原因是泥岩膨胀压力高且支护体耦合性差，整体支护强度较低。在封闭支护结构体的基础上采取更高强度支护方式对围岩变形进行"硬抗"是解决该类巷道支护难题的关键。

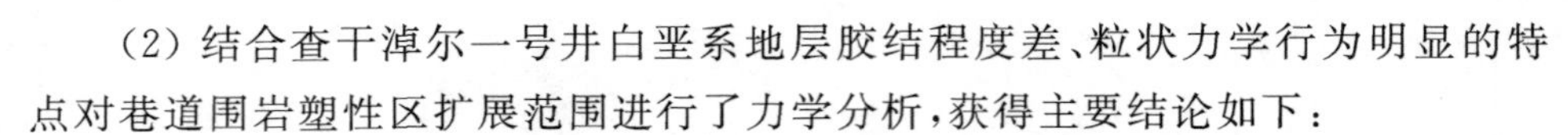

(2) 结合查干淖尔一号井白垩系地层胶结程度差、粒状力学行为明显的特点对巷道围岩塑性区扩展范围进行了力学分析，获得主要结论如下：

① 在粒状材料静态力学行为分析的基础上得出粒状材料库仑屈服准则，根据现场情况建立了巷道支护力学模型，推导得出查干淖尔一号井弱胶结地质条件下围岩塑性区扩展公式：

$$s=a\left[\frac{2p_{\infty}}{(k+1)p}\right]^{1/(k-1)}$$

② 结合现场具体参数，获得塑性区半径 s 随 p_{∞}/p 值的增加而增加，但增加速度随 p/p_{∞} 值的增加而逐渐降低；且在 $p/p_{\infty}\leqslant 3$ 时，随着 p/p_{∞} 值的降低，塑性区半径降低幅度较大，而在 $p/p_{\infty}>3$ 时，随着 p/p_{∞} 值的增加，塑性区半径降低幅度明显减小。

③ 提出在巷道支护初期采取高强度、高刚度支护结构体对围岩变形进行“硬抗”，抑制围岩塑性区的扩展，切断深部岩层的膨胀条件，将支护范围限制在围岩掘进时应力重分布造成的围岩塑性区范围为有效控制围岩变形的根本出发点，确定了“全封闭、高强度、高刚度、硬抗压”的支护对策。

(3) 采用石膏单元板相似模型成功模拟了查干淖尔一号井软岩巷道封闭支护条件下围岩失稳过程，获得了不同支护方式下围岩应力、位移演化规律，获得主要结论如下：

① 通过试验获得模型一、模型二和模型三破坏失稳时垂直方向和水平方向围岩承载能力分别为 0.8 MPa 和 1.04 MPa、1.2 MPa 和 1.44 MPa、1.4 MPa 和1.64 MPa，增加周边锚杆支护状态下，围岩垂直和水平方向承载能力分别提高为模型一的 1.5 倍和 1.38 倍，模型三中围岩垂直和水平方向承载能力提高为模型一的 1.75 倍和 1.58 倍，提高为模型二的 1.17 倍和 1.14 倍，则在封闭 U36 型钢支护方式下围岩变形得到有效控制，围岩的承载能力得到明显提升，在周边锚杆的基础上增加底板锚杆后围岩承载能力进一步加强，为现场锚杆支护方式的选取提供理论依据。

② 结合应力相似比，对应获得现场生产中模型三支护状态下巷道失稳时其垂直和水平压力分别为 26.35 MPa 和 30.86 MPa，尚未达到泥岩膨胀压力水平(35.7～36.7 MPa)，远远大于现场地应力水平，进一步证明膨胀压力为该地区软岩巷道失稳破坏的主要压力来源，指出在封闭支护结构体的基础上研发更高强度的结构形式是解决该地区软岩巷道支护难题的必然选择。

③ 综合巷道底板、两帮、顶板位移、应力演化规律，在封闭 U36 型钢的基础上增加周边锚杆后，围岩整体强度得到有效改善，同一加载级别下围岩应力明显提升、围岩位移量明显降低，在 7 级加载结束后巷道底板、两帮、顶板位移量分别

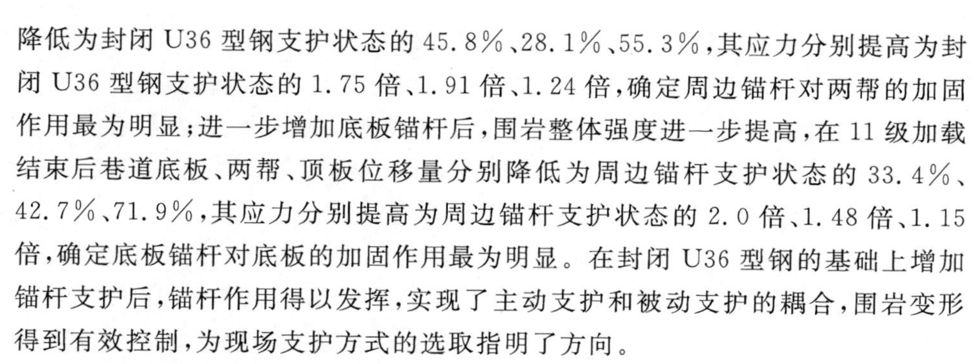

降低为封闭 U36 型钢支护状态的 45.8%、28.1%、55.3%,其应力分别提高为封闭 U36 型钢支护状态的 1.75 倍、1.91 倍、1.24 倍,确定周边锚杆对两帮的加固作用最为明显;进一步增加底板锚杆后,围岩整体强度进一步提高,在 11 级加载结束后巷道底板、两帮、顶板位移量分别降低为周边锚杆支护状态的 33.4%、42.7%、71.9%,其应力分别提高为周边锚杆支护状态的 2.0 倍、1.48 倍、1.15 倍,确定底板锚杆对底板的加固作用最为明显。在封闭 U36 型钢的基础上增加锚杆支护后,锚杆作用得以发挥,实现了主动支护和被动支护的耦合,围岩变形得到有效控制,为现场支护方式的选取指明了方向。

④ 综合 3 个模型的试验过程,在封闭 U36 型钢支护方式下,底板为应力释放的主要弱面,围岩失稳顺序为底板→两帮→顶板;在此基础上增加周边锚杆后,两帮强度得到明显提升,滞后顶板发生破坏失稳,围岩失稳顺序为底板→顶板→两帮;进一步增加底板锚杆加固后,围岩承载能力进一步提高,底板强度提升最为明显,围岩破坏的主要弱面自底板位置转移至顶板覆岩,其失稳顺序为顶板→底板→两帮。

(4) 根据现场巷道断面尺寸,对比分析了封闭 U36 型钢支架在集中荷载和均布荷载作用下弯矩分布规律,对比分析了集中荷载下支架结构改进对其强度的影响规律,获得主要结论如下:

① 结合现场支架破坏状态,确定现场支架受力状态为集中载荷,通过结构解析获得支架在集中荷载下截面弯矩计算公式;获得在集中荷载和均布荷载作用下支架弯矩随侧压系数改变的演化规律,通过对比验证了支架集中荷载受力状态的合理性。

② 通过改进支架结构获得底拱高度增加对拱底强度影响明显,随底拱高度的增加,拱顶、拱底弯矩逐渐降低,拱肩、底角弯矩逐渐增加,拱底弯矩演化速率最快;底板横梁加固对缓解拱底弯矩、提高拱底强度作用明显,对拱顶强度影响较小;顶板横梁对缓解拱顶弯矩、提高拱顶强度作用明显,但对拱底强度影响较小。

③ 增加顶底板横梁后,拱顶、拱底弯矩大幅降低,支架整体强度得到明显提高。在顶底板横梁的基础上对顶底拱范围进一步加固,获得顶拱正"V"+底拱倒"V"组合加固结构对顶底的整体加固效果最好,经加固后拱顶强度提高为原始强度的 3.719 倍,拱底强度提高为原始强度的 2.889 倍。

④ 考虑现场施工以及经济效益的影响,支架结构改进纵向比较确定靠近顶底板位置的顶底横梁加固方案最优,在此状态下,拱顶强度提高为原始结构的 3.51 倍,拱底强度提高为原始结构的 2.715 倍。

(5) 根据结构改进后支架弯矩演化规律,选取 5 个结构模型进行了强度、刚

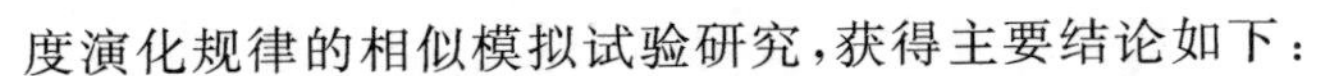

度演化规律的相似模拟试验研究，获得主要结论如下：

① 顶底拱平面外失稳是引起支架整体失稳的关键。顶拱位置主要发生支架中心线上方 0.41 m 位置的扭曲破坏，扭曲方向具有随机性；底拱位置主要发生支架中心线上方 0.66 m 位置的弯折破坏，除模型三底拱弯折方向不同外，其余模型均发生“＜”形式的弯折破坏。

② 5 个模型水平方向极限承载能力分别为 176.8 kN、162.5 kN、277 kN、261.3 kN、288.3 kN，竖直方向极限承载能力分别为 258.8 kN、392.1 kN、351 kN、436.9 kN、501.9 kN，5 个模型水平弹性刚度分别为 10.746、9.878、31.508、27.701、36.678，竖直弹性刚度分别为 21.831、78.069、76.766、72.769、80.604。

③ 结合应力、位移演化规律，获得增加顶板横梁对提高顶拱强度、刚度作用明显，增加顶板横梁后，顶拱强度提高为到原始状态的 1.587 倍，刚度提高为原始状态的 2.871 倍，在有横梁的基础上增加斜撑后，对顶拱强度和刚度的进一步提高作用不明显，仅提高为增加顶板横梁加固状态的 1.071 倍和 1.239 倍；增加底板横梁对提高竖直强度、刚度作用明显，增加底板横梁后，竖直强度提高为原始状态的 1.436 倍，刚度提高为原始状态的 3.546 倍；在有横梁的基础上增加斜撑后，对竖直强度和刚度的进一步提高作用不明显，其强度仅提高为增加底板横梁加固状态的 1.263 倍，刚度数值与仅增加底板横梁加固状态近于一致。

④ 模型屈服失稳后，底拱呈现峰值荷载后的二次承载现象，该二次承载强度远远大于原始支架的最大强度，该特点可满足深井高应力软岩巷道让压支护的需要。

⑤ 顶板横梁在有效提高顶拱强度的同时，起到一定限制结构平面外失稳的作用，在顶底板横梁的基础上增加斜撑加固对进一步限制顶底拱平面外失稳作用不明显。

⑥ 结合第 4 章顶底板横梁位置改变对支架强度的影响规律，在模型三中，顶板横梁上移、底板横梁下移后，支架强度、刚度将进一步提升。

(6) 通过模拟分析获得了无支护状态、U36 型钢支护、改进 U36 型钢支护、改进 U36 型钢＋锚杆(索)支护下围岩应力、位移、塑性区演化规律，得出改进 U36 型钢支架对围岩的控制效果较好，围岩应力得到有效改善，底板塑性区拉剪复合破坏得到抑制；在此基础上增加锚杆加固后，围岩控制效果进一步改善，巷道顶板、两帮、底板变形量分别降低为 111.3 mm、201 mm、221.3 mm，经过简单的维修可以满足现场使用要求。

(7) 综合现场实测、实验室试验、理论分析、相似模拟试验以及数值模拟结

果，确定该极软岩巷道失稳机制是多种力学机制的复合，根本原因是泥岩膨胀压力高且支护体耦合性差，整体支护强度不足。据此提出“全封闭、高强度、高刚度、硬抗压”的控制对策，确定出采用改进U36型钢支架＋锚杆(索)支护可达到有效控制围岩变形的效果，为现场生产提供指导。

参考文献

[1] AKSOY C O, OGUL K, TOPAL I, et al. Numerical modeling of non-deformable support in swelling and squeezing rock[J].International Journal of Rock Mechanics and Mining Sciences,2012 ,52 (6):61-70.

[2] YOSHIDA H, HORII H. A micromechanics-based model for creep behavior of rock[J]. Applied Mechanics Reviews,1992,45(8):294-303.

[3] DROZDOV A D, KOLMANOVSKII V B. Stability in visco elasticity[M]. Elsevier Science and Technology Books,1994.

[4] SULEM J, PANET M, GUENOT A. An analytical solution for time-dependent displacement in a circular tunnel[J]. International Journal of Rock Mechanics and Mining Sciences and Geomechanics Abstracts,1987,24(3):155-164.

[5] CRISTESCU N D. General constitutive equation for transient and stationary creep of rock salt[J]. International Journal of Rock Mechanics and Mining Sciences and Geomechanics Abstracts,1993,30(2):125-140.

[6] 缪协兴,陈至达.岩石材料的一种蠕变损伤方程[J].固体力学学报,1995,16(4):343-346.

[7] 陈有亮.岩石蠕变断裂特性的试验研究[J].力学学报,2003,35(4):480-484.

[8] 陈有亮,刘涛.岩石流变断裂扩展的力学分析[J].上海大学学报(自然科学版),2000,(6):491-496.

[9] 陈有亮,孙钧.岩石的流变断裂特性[J].岩石力学与工程学报,1996(4):323-327.

[10] 张忠亭,罗居剑.分级加载下岩石蠕变特性研究[J].岩石力学与工程学报,2004,23(2):218-222.

[11] 张忠亭,王宏,陶振宇.岩石蠕变特性研究进展概况[J].长江科学院学报,1996(A1):2-6.

[12] 谭云亮,颜伟,马洪岭.细观非均质岩石蠕变特征的物理元胞自动机模拟[J].岩土力学,2006,27(A1):9-12.

[13] 袁海平,曹平,许万忠,等.岩石粘弹塑性本构关系及改进的Burgers蠕变

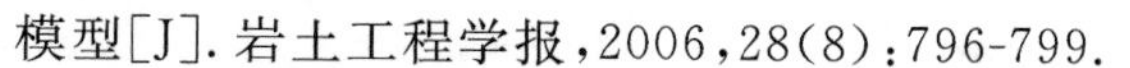
模型[J]. 岩土工程学报,2006,28(8):796-799.

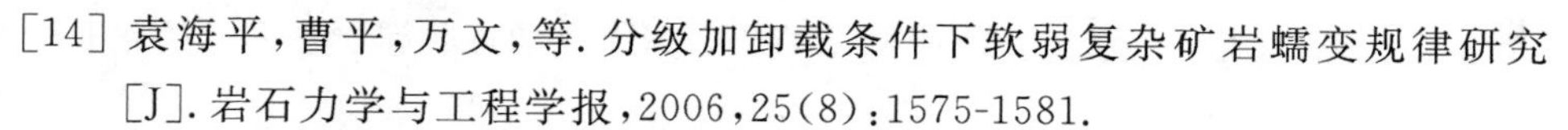
[14] 袁海平,曹平,万文,等. 分级加卸载条件下软弱复杂矿岩蠕变规律研究[J]. 岩石力学与工程学报,2006,25(8):1575-1581.

[15] 韩冰,王芝银,郝庆泽. 某地区花岗石三轴蠕变试验及其损伤分岔特性研究[J]. 岩石力学与工程学报,2007(A2):4123-4129.

[16] 赵延林,曹平,文有道,等. 岩石弹黏塑性流变试验和非线性流变模型研究[J]. 岩石力学与工程学报,2008,27(3):477-486.

[17] 王芝银,艾传志,唐明明. 不同应力状态下岩石蠕变全过程[J]. 煤炭学报,2009,34(2):169-174.

[18] 侯公羽. 岩石蠕变变形的混沌特性研究[J]. 岩土力学,2009,30(7):3688-3692.

[19] 王来贵,赵娜,何峰,等. 岩石蠕变损伤模型及其稳定性分析[J]. 煤炭学报,2009(1):64-68.

[20] 蒋昱州,徐卫亚,王瑞红,等. 岩石非线性蠕变损伤模型研究[J]. 中国矿业大学学报,2009(3):331-335.

[21] 刘传孝,黄东辰,王龙,等. 岩石蠕变破坏实验曲线的微观阶段特征研究[J]. 煤炭学报,2011,36(A2):219-223.

[22] 刘建,陈佺. 一种模拟岩石蠕变的数值流形方法[J]. 岩土力学,2012(4):1203-1209.

[23] 王祥秋,杨林德,高文华. 软弱围岩蠕变损伤机理及合理支护时间的反演分析[J]. 岩石力学与工程学报,2004,23(5):793-796.

[24] 王祥秋,陈秋南,韩斌. 软岩巷道流变破坏机理与合理支护时间的确定[J]. 有色金属,2000,52(4):14-17.

[25] 杨彩红,李剑光. 非均匀软岩蠕变机理分析[J]. 采矿与安全工程学报,2006,23(4):476-479.

[26] 杨彩红,王永岩,李剑光,等. 含水率对岩石蠕变规律影响的试验研究[J]. 煤炭学报,2007,32(7):695-699.

[27] 范庆忠,高延法,崔希海,等. 软岩非线性蠕变模型研究[J]. 岩土工程学报,2007,29(4):505-509.

[28] 范庆忠. 岩石蠕变及其扰动效应试验研究[J]. 岩石力学与工程学报,2007,26(1):216.

[29] 范庆忠,高延法. 软岩蠕变特性及非线性模型研究[J]. 岩石力学与工程学报,2007,26(2):391-396.

[30] 范庆忠,李术才,高延法. 软岩三轴蠕变特性的试验研究[J]. 岩石力学与工

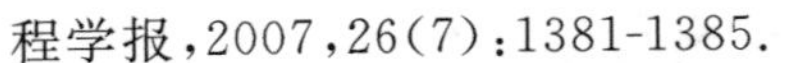

程学报,2007,26(7):1381-1385.

[31] 范庆忠,高延法.分级加载条件下岩石流变特性的试验研究[J].岩土工程学报,2005,27(11):1273-1276.

[32] 张耀平,曹平,赵延林.软岩黏弹塑性流变特性及非线性蠕变模型[J].中国矿业大学学报,2009(1):34-40.

[33] 谌文武,原鹏博,刘小伟.分级加载条件下红层软岩蠕变特性试验研究[J].岩石力学与工程学报,2009(A1):3076-3081.

[34] 余成学.岩石非线性黏弹塑性蠕变模型研究[J].岩石力学与工程学报,2009 (10):2006-2011.

[35] 余成学,崔旋.高孔隙水压力对岩石蠕变特性的影响[J].岩石力学与工程学报,2010(8):1603-1609.

[36] 余成学,孙辅庭.节理岩体黏弹塑性流变破坏模型研究[J].岩石力学与工程学报,2013(2):231-238.

[37] 余成学,崔旋.岩石非线性蠕变模型[J].武汉大学学报(工学版),2009(1):25-28.

[38] 余成学,熊文林,陈胜宏.层状岩体的弹粘塑性 Cosserat 介质理论及其工程应用[J].水利学报,1996,27(4):10-17.

[39] 余成学,熊文林,陈胜宏.具有弯曲效应的层状结构岩体变形的 Cosserat 介质分析方法[J].岩土力学,1994,15(4):12-19.

[40] 范秋雁,阳克青,王渭明.泥质软岩蠕变机制研究[J].岩石力学与工程学报,2010,29(8):1555-1561.

[41] 李栋伟,汪仁和,范菊红.软岩屈服面流变本构模型及围岩稳定性分析[J].煤炭学报,2010,35(10):1604-1608.

[42] 李栋伟,汪仁和,林斌.粘弹塑本构模型及用于冻土数值计算的柔度矩阵[J].冰川冻土,2007,29(2):322-326.

[43] 李栋伟,汪仁和,范菊红.基于卸荷试验路径的泥岩变形特征及数值计算[J].煤炭学报,2010,35(3):387-391.

[44] 李栋伟,汪仁和,胡璞.冻粘土蠕变损伤耦合本构关系研究[J].冰川冻土,2007,29(3):446-449.

[45] 李栋伟,汪仁和,范菊红.软岩试件非线性蠕变特征及参数反演[J].煤炭学报,2011,36(3):388-392.

[46] 李栋伟,汪仁和.基于统计损伤理论的冻土蠕变本构模型研究[J].应用力学学报,2008(1):133-136,188.

[47] 李栋伟,汪仁和,范菊红.白垩系冻结软岩非线性流变模型试验研究[J].岩

石工程学报,2011,33(3):398-403.

[48] 李栋伟,汪仁和,胡璞,等.冻结黏土卸载状态下双屈服面流变本构关系研究[J].岩土力学,2007,28(11):91-96.

[49] 宋勇军,雷胜友,刘向科.基于硬化和损伤效应的岩石非线性蠕变模型[J].煤炭学报,2012 (A2):287-292.

[50] 高文华,陈秋南,黄自永,等.考虑流变参数弱化综合影响的软岩蠕变损伤本构模型及其参数智能辨识[J].土木工程学报,2012,45(2):104-110.

[51] 李剑光,王永岩.软岩蠕变的温度效应及实验分析[J].煤炭学报,2012,37(A1):81-85.

[52] 田洪铭,陈卫忠,田田,等.软岩蠕变损伤特性的试验与理论研究[J].岩石力学与工程学报,2012(3):610-617.

[53] 王宇,李建林,邓华锋,等.软岩三轴卸荷流变力学特性及本构模型研究[J].岩土力学,2012(11):3338-3344.

[54] 王永岩,王艳春.温度-应力-化学三场耦合作用下深部软岩巷道蠕变规律数值模拟[J].煤炭学报,2012 (A2):275-279.

[55] 谢和平,彭苏萍,何满潮.深部开采基础理论与工程实践[M].北京:科学出版社,2006.

[56] 何满潮,谢和平,彭苏萍,等.深部开采岩体力学研究[J].岩石力学与工程学报,2005,24(16):2803-2813.

[57] 何满潮.深部开采工程岩石力学的现状及其展望[C]//第八次全国岩石力学与工程学术大会论文集.北京:科学出版社,2004:88-94.

[58] KOICHI A, YUZO O. Strength and deformation characteristics of soft sedimentary rock under repeated and creep loading[C]// Proceedings of the 5th International Congress on Rock Mechanics. Rotterdam: A. A. Balkema Publishers,1983:121-124.

[59] 朱训国,杨庆.膨胀岩的判别与分类标准[J].岩土力学,2012(C2):174-177.

[60] 崔旭,张玉.膨胀岩的判别分级与隧洞工程[J].甘肃水力水电技术,2000,36(3):186-191.

[61] 张金富.膨胀性软质围岩隧道的施工处理与定量性判别指标的初步探讨[J].工程勘察,1987(2):21-28.

[62] 曲永新.软岩巷道变形破坏的快速工程地质预报[J].水文地质工程地质,1986(5):5-7.

[63] 曲永新,徐晓岚,时梦熊,等.泥质岩的工程分类和膨胀势的快速预测[J].

水文地质工程地质,1988(5):36-39.

[64] 王小军.膨胀岩的判别与分类和隧道工程[J].中国铁道科学,1994,15(4):79-86.

[65] 时梦熊,吴芝兰.膨胀岩的简易判别方法[J].水文地质工程地质,1986(5):50-52.

[66] 文江泉,韩会增.膨胀岩的判别与分类初探[J].铁路工程学报,1996,13(2):231-237.

[67] 何满潮.中国煤矿软岩巷道支护理论与实践[M].北京:中国矿业大学出版社,1996:20-34.

[68] 何满潮,等.世纪之交软岩工程技术现状与展望[M].北京:煤炭工业出版社,1999:37-47.

[69] 李国富.膨胀型软岩变形机理与特种控制技术[J].金属矿山,2006(9):18-21,24.

[70] CHRISTOPH B,PETER H,ERIC Z,et al. Relation between hydrogeological setting and swelling potential of clay-sulfate rocks in tunneling[J]. Engineering Geology,2011,122(3-4):204-214.

[71] DAVID L OLGAARD,JANOS URAI,LISA N DELL'ANGELO,et al. The influence of swelling clays on the deformation of mudrocks[J]. International Journal of Rock Mechanics and Mining Sciences,1997,34(3-4):235(e1-e15).

[72] 周翠英,谭祥韶,邓毅梅,等.特殊软岩软化的微观机制研究[J].岩石力学与工程学报,2005,24(3):394-400.

[73] 苏永华,赵明华,刘晓明.软岩膨胀崩解试验及分形机理[J].岩土力学,2005,26(5):728-732.

[74] 刘晓明,赵明华,苏永华.软岩崩解分形机制的数学模拟[J].岩土力学,2008,29(8):2043-2046,2069.

[75] 武雄,田红,孙燕冬.延吉盆地强膨胀软岩边坡变形机理及防治措施[J].煤炭学报,2009(1):69-73.

[76] 李国富,李珠,戴铁丁.膨胀岩力学性质试验与巷道支护参数的预测研究[J].工程力学,2010,27(2):96-101.

[77] 孙元春,尚彦军,曲永新.投影寻踪模型在膨胀岩判别与分级中的应用[J].岩土力学,2010,31(8):2570-2574.

[78] 秦本东,罗运军,门玉明,等.高温下石灰岩和砂岩膨胀特性的试验研究[J].岩土力学,2011(2):417-422.

[79] 秦本东,谌伦建,晁俊奇,等.高温石灰岩膨胀应力的试验研究[J].中国矿

业大学学报,2009 (3):326-330.

[80] 秦本东,何军,谌伦建.石灰岩和砂岩高温力学特性的试验研究[J].地质力学学报,2009,15(3):253-261.

[81] 柴肇云,郭卫卫,康天合,等.水化学环境变化对泥质岩胀缩性的影响[J].岩石力学与工程学报,2013,32(2):281-288.

[82] 陈建功,贺虎,张永兴.巷道围岩松动圈形成机理的动静力学解析[J].岩土工程学报,2012,33(2):1964-1968.

[83] 靖洪文,宋宏伟,郭志宏.软岩巷道围岩松动圈变形机理及控制技术研究[J].中国矿业大学学报,1999,28(6):560-564.

[84] 李华晔.地下洞室围岩稳定性分析[M].北京:中国水利水电出版社,1999:69-58.

[85] 宋宏伟,王闯,贾颖绚.用地质雷达测试围岩松动圈的原理与实践[J].中国矿业大学学报,2002,31(4):370-373.

[86] 董方庭,宋宏伟,郭志宏.巷道围岩松动圈支护理论[J].煤炭学报,1994,19(1):21-32.

[87] 万世文.深部大跨度巷道失稳机理与围岩控制技术研究[D].徐州:中国矿业大学,2011.

[88] CORTHÉSY R, LEITE M H, GILL D E, et al. Stress measurements in soft rocks[J]. Engineering Geology, 2003, 69 (3): 381-397.

[89] TUONG L N, STEPHEN A H, PIERRE V, et al. Fracture mechanisms in soft rock: identification and quantification of evolving displacement discontinuities by extended digital image correlation[J]. Tectonophysics, 2011, 503(1-2): 117-128.

[90] TETSUYA T, KIMIKAZU T, MAKOTO M, et al. Formation mechanism of extension fractures induced by excavation of a gallery in soft sedimentary rock, Horonobe area, Northern Japan[J]. Geoscience frontiers, 2013, 4(1): 105-111.

[91] YOSHINAKA R, TRAN T V, OSADA M. Mechanical behavior of soft rocks under triaxial cyclic loading conditions[J]. International Journal of Rock Mechanics and Mining Sciences, 1997, 34(3-4): 354(e1-e14).

[92] AYDAN Ö, AKAGI T, KAWAMOTO T. The squeezing potential of rock around tunnels: theory and prediction with examples taken from Japan [J]. Rock Mechanics and Rock Engineering, 1996, 26(3): 125-143.

[93] AGAPITO J F T, LEO GILBRIDE, WENDELL KOONTZ. Implication of highly anisotropic horizontal stresses on entry stability at the West ELK

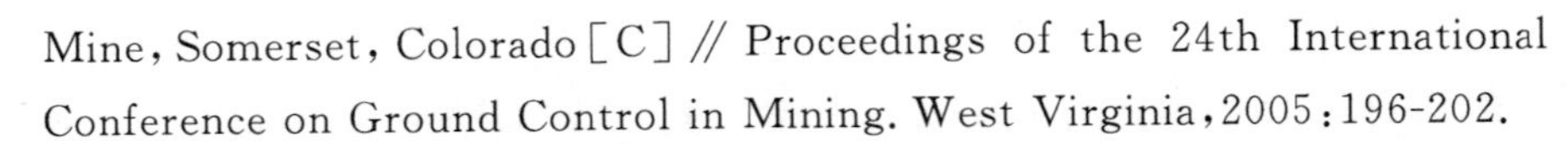
Mine, Somerset, Colorado[C]// Proceedings of the 24th International Conference on Ground Control in Mining. West Virginia, 2005:196-202.

[94] 侯朝炯,勾攀峰.巷道锚杆支护围岩强度强化机理研究[J].岩石力学与工程学报,2000,19(3):342-345.

[95] 侯朝炯,马念杰.煤层巷道两帮煤体应力和极限平衡区的探讨[J].煤炭学报,1989,14(4):21-29.

[96] 侯朝炯.煤巷锚杆支护的关键理论与技术[J].矿山压力与顶板管理,2002,(1):2-5.

[97] 侯朝炯,郭宏亮.我国煤巷锚杆支护技术的发展方向[J].煤炭学报,1996,21(2):113-118.

[98] 侯朝炯,柏建彪,张农,等.困难复杂条件下的煤巷锚杆支护[J].岩土工程学报,2001,23(1):84-88.

[99] 侯朝炯,李学华.综放沿空掘巷围岩大、小结构的稳定性原理[J].煤炭学报,2001,26(1):1-7.

[100] 侯朝炯,何亚男,李晓,等.加固巷道帮、角控制底臌的研究[J].煤炭学报,1995,20(3):229-234.

[101] 勾攀峰,汪成兵,韦四江.基于突变理论的深井巷道临界深度[J].岩石力学与工程学报,2004,23(24):4137-4141.

[102] 姜耀东,刘文岗,赵毅鑫,等.开滦矿区深部开采中巷道围岩稳定性研究[J].岩石力学与工程学报,2005,24(11):1857-1862.

[103] 李树清,王卫军,潘长良.深部巷道围岩承载结构的数值分析[J].岩土工程学报,2006,28(3):377-381.

[104] 柏建彪,侯朝炯.深部巷道围岩控制原理与应用研究[J].中国矿业大学学报,2006,35(2):145-148.

[105] 柏建彪,王襄禹,贾明魁,等.深部软岩巷道支护原理及应用[J].岩土工程学报,2008,30(5):632-635.

[106] 柏建彪,侯朝炯,杜木民,等.复合顶板极软煤层巷道锚杆支护技术研究[J].岩石力学与工程学报,2001,20(1):53-56.

[107] 柏建彪,李文峰,王襄禹,等.采动巷道底鼓机理与控制技术[J].采矿与安全工程学报,2011(1):1-5.

[108] 柏建彪,王襄禹,姚喆.高应力软岩巷道耦合支护研究[J].中国矿业大学学报,2007,36(4):421-425.

[109] 左宇军,唐春安,朱万成,等.深部岩巷在动力扰动下的破坏机理分析[J].煤炭学报,2006,31(6):742-746.

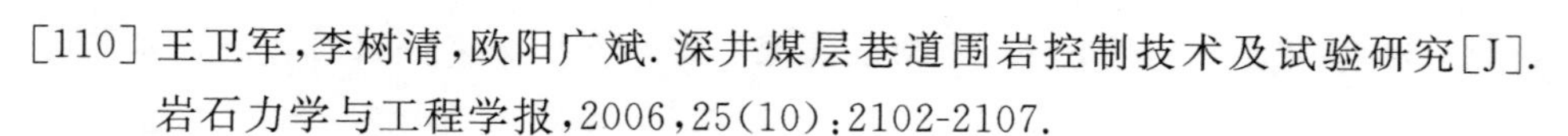

[110] 王卫军,李树清,欧阳广斌.深井煤层巷道围岩控制技术及试验研究[J].岩石力学与工程学报,2006,25(10):2102-2107.

[111] 孙晓明,杨军,曹伍富.深部回采巷道锚网索耦合支护时空作用规律研究[J].岩石力学与工程学报,2007,26(5):895-900.

[112] 康红普,王金华,林健.煤矿巷道支护技术的研究与应用[J].煤炭学报,2010,35(11):1809-1814.

[113] 康红普,王金华,林健.高预应力强力支护系统及其在深部巷道中的应用[J].煤炭学报,2007(12):1233-1238.

[114] 康红普,王金华,高富强.掘进工作面围岩应力分布特征及其与支护的关系[J].煤炭学报,2009,34(12):1585-1593.

[115] 康红普,吴拥政,李建波.锚杆支护组合构件的力学性能与支护效果分析[J].煤炭学报,2010,35(7):1057-1065.

[116] 康红普,林健,吴拥政.全断面高预应力强力锚索支护技术及其在动压巷道中的应用[J].煤炭学报,2009,34(9):1153-1159.

[117] 康红普,牛多龙,张镇,等.深部沿空留巷围岩变形特征与支护技术[J].岩石力学与工程学报,2010,29(10):1977-1987.

[118] 王其胜,李夕兵,李地元.深井软岩巷道围岩变形特征及支护参数的确定[J].煤炭学报,2008,33(4):364-367.

[119] 李学华,姚强岭,张农.软岩巷道破裂特征与分阶段分区域控制研究[J].中国矿业大学学报,2009,38(5):618-623.

[120] 何满潮,李国峰,任爱武,等.深部软岩巷道立体交叉硐室群稳定性分析[J].中国矿业大学学报,2008,37(2):167-170.

[121] 何满潮,李国峰,王炯,等.兴安矿深部软岩巷道大面积高冒落支护设计研究[J].岩石力学与工程学报,2007,26(5):959-964.

[122] 何满潮,李国峰,刘哲,等.兴安矿深部软岩巷道交叉点支护技术[J].采矿与安全工程学报,2007,24(2):127-131.

[123] 何满潮,王晓义,刘文涛,等.孔庄矿深部软岩巷道非对称变形数值模拟与控制对策研究[J].岩石力学与工程学报,2008,27(4):673-678.

[124] 何满潮,胡江春,王红芳,等.砂岩断裂及其亚临界断裂的力学行为和细观机制[J].岩土力学,2006,27(11):1959-1962.

[125] 何满潮,齐干,程骋,等.深部复合顶板煤巷变形破坏机制及耦合支护设计[J].岩石力学与工程学报,2007,26(5):987-993.

[126] 张农,许兴亮,李桂臣.巷道围岩裂隙演化规律及渗流灾害控制[J].岩石力学与工程学报,2009(2):330-335.

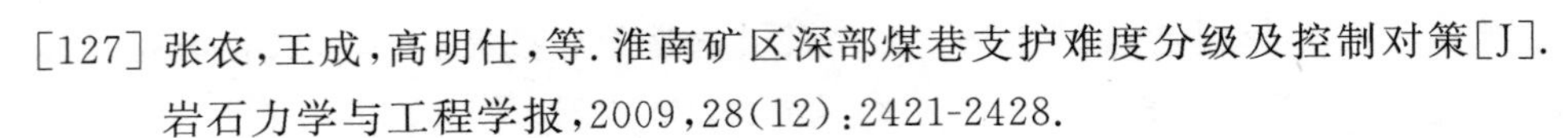

[127] 张农,王成,高明仕,等.淮南矿区深部煤巷支护难度分级及控制对策[J].岩石力学与工程学报,2009,28(12):2421-2428.

[128] 张农,侯朝炯,王培荣.深井三软煤巷锚杆支护技术研究[J].岩石力学与工程学报,1999,5(4):437-440.

[129] 张农,王保贵,郑西贵,等.千米深井软岩巷道二次支护中的注浆加固效果分析[J].煤炭科学技术,2010(5):34-38,46.

[130] 张农,侯朝炯,陈庆敏,等.岩石破坏后的注浆固结体的力学性能[J].岩土力学,1998,19(3):50-53.

[131] 张农,高明仕.煤巷高强预应力锚杆支护技术与应用[J].中国矿业大学学报,2004,33(5):524-527.

[132] 张农,袁亮.离层破碎型煤巷顶板的控制原理[J].采矿与安全工程学报,2006,23(1):234-38.

[133] 张强勇,陈旭光,林波,等.深部巷道围岩分区破裂三维地质力学模型试验研究[J].岩石力学与工程学报,2009(9):1757-1766.

[134] 常聚才,谢广祥.深部巷道围岩力学特征及其稳定性控制[J].煤炭学报,2009,37(7):881-886.

[135] 李德忠,李冰冰,檀远远.矿井深部巷道围岩变形浅析及控制[J].岩土力学,2009,30(1):109-112.

[136] 荆升国.高应力破碎软岩巷道棚-索协同支护围岩控制机理研究[D].徐州:中国矿业大学,2009.

[137] 谢文兵,荆升国,王涛,等.U型钢支架结构稳定性及其控制技术[J].岩石力学与工程学报,2010(2):3243-3248.

[138] 余伟健,高谦.高应力巷道围岩综合控制技术及应用研究[J].煤炭科学技术,2010,38(2):1-5.

[139] 高富强,康红普,林健.深部巷道围岩分区破裂化数值模拟[J].煤炭学报,2010,35(1):21-25.

[140] 高延法,王波,王军,等.深井软岩巷道钢管混凝土支护结构性能试验及应用[J].岩石力学与工程学报,2010(A1):2604-2609.

[141] 张国锋,于世波,李国峰,等.巨厚煤层三软回采巷道恒阻让压互补支护研究[J].2011(8):1619-1626.

[142] 王襄禹,柏建彪,陈勇,等.深井巷道围岩应力松弛效应与控制技术[J].煤炭学报,2010,35(7):1072-1077.

[143] 王襄禹.高应力软岩巷道有控卸压与蠕变控制研究[D].徐州:中国矿业大学,2008.

[144] 杨双锁. 煤矿回采巷道围岩控制理论探讨[J]. 煤炭学报,2010,35(11):1842-1853.

[145] 肖同强,柏建彪,王襄禹,等. 深部大断面厚顶煤巷道围岩稳定原理及控制[J]. 岩土力学,2011(6):1874-1880.

[146] 肖同强. 深部构造应力作用下厚煤层巷道围岩稳定与控制研究[D]. 徐州:中国矿业大学,2011.

[147] 牛双建,靖洪文,张忠宇,等. 深部软岩巷道围岩稳定控制技术研究及应用[J]. 煤炭学报,2011,36(6):914-919.

[148] 王琦,李术才,李为腾,等. 让压型锚索箱梁支护系统组合构件耦合性能分析及应用[J]. 岩土力学,2012(11):3374-3384.

[149] 龙景奎,蒋斌松,刘刚,等. 巷道围岩协同锚固系统及其作用机理研究与应用[J]. 煤炭学报,2012,37(3):372-378.

[150] 严红,何富连,徐腾飞. 深井大断面煤巷双锚索桁架控制系统的研究与实践[J]. 岩石力学与工程学报,2012,31(11):2248-2257.

[151] 郭建伟. 深井节理化围岩巷道破坏机理及控制技术[J]. 煤炭学报,2012(9):1559-1563.

[152] 谢广祥,常聚才. 深井巷道控制围岩最小变形时空耦合一体化支护[J]. 中国矿业大学学报,2013(2):183-187.

[153] HADIZADEH J,LAW R D. Water-weakening of sandstone and quartzite deformed at various stress and strain rates[J]. International Journal of Rock Mechanics and Mining Sciences Geomechanics Abstracts,1991,28(5):431-439.

[154] ERGULER Z A, ULUSAY R. Water-induced variations in mechanical properties of clay-bearing rocks [J]. International Journal of Rock Mechanics and Mining Sciences,2009,46(2):355-370.

[155] 李学华,梁顺,姚强岭,等. 泥岩顶板巷道围岩裂隙演化规律与冒顶机理分析[J]. 煤炭学报,2011,36(6):903-908.

[156] 李波,李学华,任松杰. 复杂水环境下煤层巷道失稳分析及控制研究[J]. 采矿与安全工程学报,2011(3):370-375.

[157] 姚强岭,李学华,瞿群迪,等. 泥岩顶板巷道遇水冒顶机理与支护对策分析[J]. 采矿与安全工程学报,2011(1):28-33.

[158] 夏宇君,吴俊松,耿东坤,等. 富水软岩大断面交岔点巷道失稳控制实践[J]. 煤炭科学技术,2011(7):31-34.

[159] 王卫军,彭刚,黄俊. 高应力极软破碎岩层巷道高强度耦合支护技术研究

[J]. 煤炭学报,2011,36(2):223-228.

[160] 赵红超,曹胜根,张科学,等. 深部油页岩巷道变形破坏机理及稳定性控制研究[J]. 采矿与安全工程学报,2012 (2):178-184.

[161] 国家发展改革委,国家能源局. 煤炭工业发展“十三五”规划[R/OL]. (2016-12-22) [2017-3-2]. http://www. ndrc. gov. cn/zcfb/zcfbtz/201612/t20161230_833687. html.

[162] 孙晓明,武雄,何满潮,等. 强膨胀性软岩的判别与分级标准[J]. 岩石力学与工程学报,2005,24(1):128-132.

[163] HUDSON J A,CORNET F H,CHISTIANSSON R. ISRM suggested method for rock stress estimation—part 1: strategy for rock stress estimation[J]. International Journal of Rock Mechanics and Mining Sciences,2003,40(7-8):991-998.

[164] CHISTIANSSON R. The latest development for in-situ rock stress measuring techniques[C]//Proceedings of the International Symposium on In-situ Rock Stress,2006:3-10.

[165] 蔡美峰,乔兰,李华斌. 地应力测量原理和技术[M]. 北京:科学出版社,1995.

[166] 刘允芳,肖本职. 西部地区地震活动与地应力研究[J]. 岩石力学与工程学报,2005(24):4502-4508.

[167] 陈强,朱宝龙,胡厚田. 岩石 Kaiser 效应测定地应力场的试验研究[J]. 岩石力学与工程学报,2006,25(7):1370-1376.

[168] 谭成轩,孙炜锋,孙叶,等. 地应力测量及其地下工程应用的思考[J]. 地质学报,2006,80(10):1627-1632.

[169] 石林,张旭东,金衍,等. 深层地应力测量新方法[J]. 岩石力学与工程学报,2004,23(14):2355-2358.

[170] 蔡美峰,陈长臻,彭华,等. 万福煤矿深部水压致裂地应力测量[J]. 岩石力学与工程学报,2006,25(5):1069-1074.

[171] 康红普,林健,张晓. 深部矿井地应力测量方法研究与应用[J]. 岩石力学与工程学报,2007,26(5):929-933.

[172] 徐秉业,刘信声. 应用弹塑性力学[M]. 北京:清华大学出版社,1995:80.

[173] PETER HOWELL,GREGORY KOZYREFF,JOHN OCKENDON. Applied solid mechanics[M]. Cambridge:Cambridge University Press,2009:332-333.

[174] 王琦. 深部厚顶煤巷道围岩破坏控制机理及新型支护系统对比研究[D]. 济南:山东大学,2012.

[175] 冯国瑞，任亚峰，王鲜霞，等. 白家庄煤矿垮落法残采区上行开采相似模拟实验研究[J]. 煤炭学报，2011，36(4)：544-550.

[176] 尹光志，李小双，魏作安，等. 边坡和采场围岩变形破裂响应特征的相似模拟试验研究[J]. 岩石力学与工程学报，2011 (A1)：2913-2923.

[177] 杨科，谢广祥，常聚才. 不同采厚围岩力学特征的相似模拟实验研究[J]. 煤炭学报，2009，34(11)：1446-1450.

[178] 李向阳，李俊平，周创兵，等. 采空场覆岩变形数值模拟与相似模拟比较研究[J]. 岩土力学，2005，26(12)：1907-1912.

[179] 姜耀东，吕玉凯，赵毅鑫，等. 承压水上开采工作面底板破坏规律相似模拟试验[J]. 岩石力学与工程学报，2011，30(8)：1571-1578.

[180] 吴向前，窦林名，陆菜平，等. 冲击危险区卸压减震开采机理的相似模拟[J]. 采矿与安全工程学报，2012，29(4)：522-526.

[181] 闫振东. 大断面煤巷支护技术试验研究及新型锚杆机研发应用[D]. 北京：中国矿业大学，2010.

[182] 龙驭球，包世华. 结构力学教程 1[M]. 北京：高等教育出版社，2005：274-280.

[183] 金朝阳. 现代采矿工程设计全书[M]. 北京：当代中国音像出版社，2004：141.

[184] 程斌，何胜华，赵金城. 基于杆端缩尺的钢桁架结构二次优化[J]. 建筑结构学报，2011(9)：135-140.

[185] 杨宗林，陈鲁，张其林. 上海世博轴膜结构缩尺模型试验[J]. 建筑结构，2009，39(A1)：186-189.

[186] LIMOS D G，KRAWINKLER H，WHITTAKE R A S. 两个四层钢框架结构缩尺模型侧倾倒塌的预测和验证[J]. 世界地震译丛，2011(3)：57-73.

[187] 刘杰，梁游钧，刘小强，等. 空间网架结构的缩尺模型试验研究[J]. 四川建筑科学研究，1994，20(1)：24-26.

[188] 孙训方，方孝淑，关来泰. 材料力学 2[M]. 北京：高等教育出版社，2004：29.